講談社選書メチエ
650

フラットランド

たくさんの次元のものがたり

E・A・アボット
竹内 薫〔訳〕

MÉTIER

フラットランド◉目次

本書は、Ｅ・Ａ・アボット著『フラットランド』（一八八四年）の日本語新訳に、訳者・竹内薫による序文を付したものです。また、『フラットランド』にインスパイアされ制作されたＡ・ブクタシの写真シリーズ《フラットランド》（二〇一五年〜）を特別収録しました。

Introduction for **FLATLAND**

序
フラットランドはワンダーランド

竹内 薫

私がはじめてこの本を手にしたのは、たしか小学六年生のときだったと思う。ニューヨークの現地校から東京の小学校に転校してきて、漢字が読めずに不登校になりかけていた。熱が出た（あるいはお腹が痛い）とウソをついて学校を休んだ日は、暇にまかせ、英語の本を読みあさっていた。

自分が所有する子ども向けの本は何度も読んでしまい、父親の書斎の本棚をながめていて、たまたま古びた表紙の本を手に取り読み始めた。それが英語版『フラットランド』だったのだ。

この本は、現実世界に適応できずに苦しんでいた私にとって、数学的な空想世界への「不思議な旅」となった。それで不登校が解消されたわけではなかったが、ある意味、私にとっての救いの書でもあったのだ。

この本を読んでから、私は「次元」について興味が出始め、アインシュタインの四次元世界、すなわち相対性理論を真剣に学びたいと思うようになった。そして、気がついたら、大学の物理学科に進みアインシュタインの理論をマスターし、しまいには、大学院で多次元宇宙論（超ひも理論の宇宙論）で博士論文を書くところまで突き進んでしまった。

実際、『フラットランド』に刺激を受けて、数学や物理学の道に進んだ科学者は多い。ガンダムに刺激を受けて宇宙飛行士になる人と同じで、『フラットランド』は数学者・物理学者製造装置なのかもしれない。


さて、『フラットランド』がイギリスで最初に出版されたのは一八八四年。ヴィクトリア時代というと、歴史のはるか向こう側のはずだが、題名も含め、現代の最新書き下ろしだと言われても、ほとんど違和感がないほど先進的な本だ。なにしろ、多次元について、わかりやすく書かれた、科学書の顔を持つ冒険物語なのだ。

しかし、当時は、ほとんど評価されなかった。おそらく、本書の革新性は、産業革命が一段落し、大きく現実主義に傾いていたヴィクトリア時代の人々の目には、単なる空想物語に映ってしまったのだろう。

長らく埋もれたままだった本書が、ようやく脚光を浴びるのは、アインシュタインの「相対性理論」が発表されて、四次元の可能性について、世間が考え始めたことがきっかけだった。あのネイチャー誌でも『フラットランド』の先見性が取り上げられ、（アインシュタインの四次元が科学界に受け入れられる）「三〇年以上も前に、多次元を主題にした本があったとは！」「これは予言書ではないのか？」といった受け止め方をされたのだった。

ここで著者のアボットについて少し触れておこう。

アボットは、神学者の家系に生まれ、弱冠二六歳でシティ・オブ・ロンドン・スクールの校長にのぼりつめるほどの人物だった。神学者としてだけでなく、数学と古典にも秀でており、その三つの才能がうまく一つに昇華したのが本書だ。数学をわかりやすく説明しつつ、神学や古典文学の知識がそこかしこにちりばめられている。

ヴィクトリア時代には、絵画をはじめとする芸術的分野で、社会的な地位や知識に関係なく、万人が理解し受け入れられる作品を作ろうというムーブメントがあり、本書もその潮流に乗っているのかもしれない。

昨今、物語仕立てで哲学や科学や数学を読ませる本は、一つのジャンルになっているとすら言ってもよいが、本書はまさにその先駆けなのだ。

アボットは五一歳で退官したあとも、神学研究書、ラテン語教本、冒険物語などの執筆を精力的につづけた。そのどれにも共通するのは、リベラルで風刺的な視線だ。

本書は、女性蔑視や身分差別的な内容を指摘されることもある。これから本文を読み進めるうちに、そうした不快感や違和感をもつ読者もいらっしゃるだろう。その点については、アボット自身、「自分は歴史家の視点で、フラットランドでの一般的な社会態度を記した」というようなことを述べたうえで、改訂版では、いきすぎた女性差別的表現をかなり削除している（ちなみに、本書はこの改訂版からの翻訳である）。

私としては、本書での身分制度的・女性蔑視的な設定や表現は、ヴィクトリア時代の女性や階級の扱われ方を、あえて強調し、風刺しているように感じられる。それだけでなく、ブレークスルーを拒絶する権威や社会の滑稽さも、存分に描かれている。

なにより、その風刺が二一世紀の現在でもなお、わたしたちの胸に鋭く突き刺さることの意味を考えたい。

とはいえ、そんな難しいことは抜きに、（少しネタバレですが）主人公の冒険にわくわくし、少し時代がかったサガ的な部分に若干あくびをし、次元に住むとはこういうことかとふむふむうなずき、あらためて次元や図形の概念に思いをはせ、ちょっとだけやり場のない無力感に襲われ、最後はまるで自分自身が冒険と挫折を経験した主人公だったような気持ちで、本を閉じ、なんとなく懐かしい気分で表紙（そして写真！）をじっと眺める。『フラットランド』はそんな本なのだと思う。

『フラットランド』は、これまでに何回か欧米でアニメ化や短編映画化されている。それほど、クリエイターやアーチストの創造力を刺激する作品なのだろう。本書の写真シリーズを担当しているブユクタシ氏も、イマジネーションをかき立てられた一人だ。氏の作品を観て、わたしの脳裏にひらめいたのは「サイバーパンク」という言葉だ。

一九八〇年代から台頭したサイバーパンクは、小説、映画、アニメ、漫画、建築、音楽、コスプレとさまざまなジャンルにわたっている。今では皆さんご存じの『ブレードランナー』や『マトリックス』といった映画は、サイバーパンクの走りだろう。その世界観と本書の世界観（舞台は一九九九年の大晦日である。一八八四年当時からは遠い未来だったろう）は、とても似ている。調べてみると、実際、本書は、サイバーパンク好きからも支持されているようだ。

文化はこうして連鎖してゆく。そうした文脈から、本書を読むのも一興かもしれない。

冒頭でも少し触れたが、現代物理学では、宇宙は（実際に）多次元だと考えられている。しかも、アインシュタインの四次元を超えて、この宇宙が一〇次元（もしくは一一次元）だとする超ひも理論が有力な仮説になっている。

多次元を頭に思い浮かべるために、別に特殊な訓練は必要ではない。実は、『フラットランド』のように、低い次元と高い次元のあいだを「行き来」して実感するだけでいいのだ。現代物理学の最先端を理解するためにも、『フラットランド』は最適な準備となることだろう。

本書は、竹内さなみ（文芸翻訳家）が下訳を行ない、それに竹内薫（サイエンス作家）が手を入れて完成させた。理文協業である。「原文になるべく忠実にかつ柔かく」という方針で翻訳したが、はたしてうまくいったであろうか。

最後に一言。『フラットランド』は、理系も文系も関係なく、ワンダーランドに浸りたい全ての人に読んでもらいたいSFファンタジーの古典なのです。是非、ご堪能あれ。

0次元

ポイントランド（点世界）

次元とは「広がり」のこと。

1次元

ラインランド（線世界）

0次元の点が動くと、1次元の線になる。

2次元

フラットランド（平面世界）

1次元の線が動くと、2次元の面になる。

1次元の線をフラットランドでは「側面」と呼ぶ。
2次元の平面をフラットランドでは「固体」と呼ぶ。

３次元

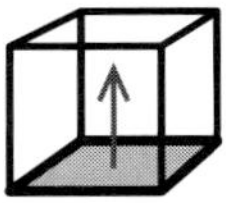

スペースランド（空間世界）

2次元の面が上へ動くと、3次元の立体になる。

4次元

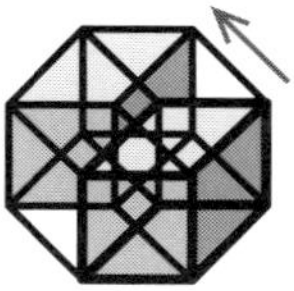

ソートランド（思考世界）

3次元の立体が4次元方向へ動くと、4次元の超立体になる。

…

11次元もしくは26次元が現在の物理学の考える宇宙の次元の上限。
ただし数学者は、無限の次元を思考する。

FLATLAND by Abbott

フラットランド

たくさんの次元のものがたり

エドウィン・アボット・アボット

Flatland : a Romance of Many Dimensions
by Edwin Abbott Abbott (1884, second edition)

第一部　この世界

「辛抱づよくなれ、この世界は広い」
（シェイクスピア『ロミオとジュリエット』）

1　フラットランドはどんなところ

ここはフラットランド。二次元の国。

この国のみんなが実際にそう呼んでいるわけじゃない。でも、フラットランドと言った方が、三次元で暮らす幸せな君たちには、わかりやすいだろう？

大きな一枚の紙を想像してみよう。その紙の上で、直線、三角形、四角形、五角形、六角形といった図形が、一ヵ所にとどまることなく、自由に動き回っている。しかし、紙から浮きあがったり、紙の中に沈み込んだりはしないんだ。影と一緒だ。あれよりもカッチリくっきりしているだけ。

これで、わたしの国と住人たちがどんな感じか、はっきりイメージできたんじゃないかな。少し前だったら、「わたしの国」ではなく「わたしの宇宙」と言っていたはずだ。より高い視点が開かれる前のわたしだったらね。

こんな国では、いわゆる「立体」が存在しないことには、すぐに気づくだろう。しかし、さっき言ったような、動き回る三角形や四角形やその他の図形を見分けることぐらいできるはず。そう思うだろう? ところが違うんだ。そんなもの見えるどころか、一つの形と別の形を区別することすらできない。見えるのは直線だけ。その理由をざっと説明しよう。

三次元にあるテーブルの上にコインを置いて、上から見下ろしてみよう。丸い円に見えるよね。

次に、テーブルの端の方に立って、だんだん視線を下げていく。フラットランドでの見え方に近づいてゆくわけだ。すると、コインはじょじょに楕円に見えてくる。そして、目の高さがテーブルの端と水平になって、まさにフラットランド人の視線と同じになったとき、コインは楕円ですらなく、まっすぐな線になってしまう。

ボール紙を三角や四角に切り抜いて試してみても、同じことが起きる。テーブルの端と同じ高さから見ると、図形は消えて直線だけになる。たとえば正三角形。正三角形は、われわれの国では、堅実な中産階級の商人にあたるのだが、図(1)は上から見下ろしたときの商人。図(2)は目線をテーブルと水

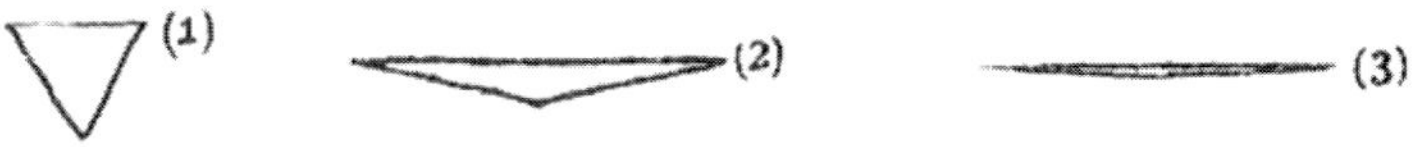

平に近づけたとき、図(3)はほとんど水平のときの商人の姿だ。目線がテーブルとちょうど同じ高さになったときが、フラットランドで彼を見るのと同じ状態で、まっすぐな線しか見えない。

スペースランドにいるときに聞いたよ。三次元でも、航海中に、遠い水平線に島や海岸線を見つけた船乗りたちは、これと同じような経験をするってね。はるか彼方の陸地には、入り江や岬といった、たくさんの凹凸が広がっているのに、太陽がさして光と影でその凸凹を照らし出さないかぎり、遠くからは、途切れることのない灰色の線にしか見えない。

そう、これこそ、フラットランドで三角形やその他の形をした知り合いが、こちらに近づいてくるときに見える光景だ。三次元のスペースランドと違って、フラットランドには、影を作り出す太陽も光もない。友だちが近づいてくれば、線が大きくなり、離れていけば小さくなる。どちらにしても、彼は直線に見える。彼が三角形だろうと、四角形、五角形、六角形、円だろうと、まっすぐな線にしか見えないんだ。こんな不便な状況で、どうやって友だちを見分けるのかって？　もっともな疑問だね。その答えは、おいおいわかるだろう。この話はひとまず措いておいて、わが国の気候や住まいについて、ちょっと話すことにしよう。

2　フラットランドの気候と住まい

君たちの世界と同じように、われわれの世界にも東西南北、四つの方位がある。太陽も他の天体もないから、それをもとに北を割り出すことはできないが、われわれなりの方法がある。この世界の自然法則では、南に向かってつねに一定の引力がはたらいている。この引力は、温帯気候では、元気な女性なら難なく北へ数百メートル移動できるほど弱いが、他の大部分の地域では、十分にコンパスの役割を果たしている。それから、雨は定期的に北から降るから、方角を知る助けになるし、街中の家も手がかりになる。屋根が北からの雨を防ぐように、家の側壁はおおかた南北に沿って作られているからね。家がない田舎では、木の幹が手がかりになる。要するに、方角を知るのは思ったより簡単なんだ。

ただ、もっと北の温暖な地域では、南向きの引力がほとんど感じられないから、方角の手がかりになる家も木もない寂しい平原を歩くときは、何時間も立ち止まって、雨が降るのを待たなければならないこともある。それから、身体が弱い人やご老人、特にかよわい女性は、たくましい男性より引力の影響を強く受けるから、道で女性に出会ったら、北側をゆずるのが礼儀だ。しかし、こちらが元気すぎたり、温暖な地域にいたりすると、引力を感じづらいから、いつもさっと北側をゆずるのは、けっこう難しいんだ。

われわれの家には窓がない。家の中も外も、昼も夜も、いつでもどこでも、同じだけ光がさしているからだ。光がどこから来るのかは誰も知らない。かつて、学者たちは「光はどこから来るのか」という興味深い疑問を解決しようと試みたが、成果はあがらず、謎を解いたと言い張る人たちで精神病院がいっぱいになっただけだった。そこで、議会は重い税金をかけて、間接的にこの探究を抑制しようとしたが、無駄に終わったため、最近になって探究をいっさい禁じてしまったんだ。ああ、わたしは、このフラットランドでただ一人、この謎の答えを知りすぎるほど知っているのに、ここの愚か者たちは、誰一人わかっちゃくれない。空間の真実と、光が三次元世界から来るという理屈を知っている、唯一の存在である、このわたしが！　救いようのない狂人であるかのように、あざ笑われるなんて！

つらい余談はこのくらいにして、家の話に戻ろう。

一般的な家の形は、図（次頁）のように壁が五つある。つまり五角形だ。北側の二つの壁、ROとOFは屋根。東の側壁に女性用の小さなドアがあって、西の側壁に男性用の大きなドアがある。南側の壁は床でもあり、ふつうドアはない。

四角や三角の家は許可されていない。四角形の角は五角形の角より尖っているし、正三角形の角はさらに尖っているからだ。家みたいな無生物の線は、男性や女性の線よりぼんやりしているから、上の空でやってきた軽率な旅人が、うっかり三角形や四角形の家の角にぶつかって大ケガをしかねないからね。そこで、われわれの世界でいう一一世紀には、三角形の家は法律によって全面的に禁止された。ただし、一般市民は不用意に近づかないような、要塞や火薬庫、兵舎、その他の国の建物は除外されている。

当時、四角形の家は許可されていたけど、特別税をかけて数を抑制していたんだ。それから三世紀ほどあとに、人口が一万人を超える町では、公共の安全のため、家の角の数を最低でも五つにすることが決まった。こうした議会の取り組みを人々の良識があとおししたこともあって、田舎でも、ほと

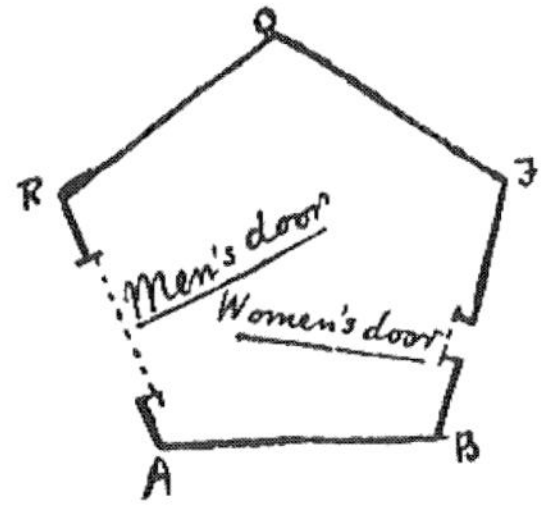

んどが五角形の家になった。現在では、人里離れた時代遅れの農村に出かけていった古物商が、ときどき四角い家を見つけるくらいだ。

3　フラットランドの住人たち

成長しきったフラットランドの住人のいちばん長い長さ、つまり幅は、君たちの世界の単位で二八センチほど。最大級で三〇センチくらいだ。

そしてフラットランドでは女性は直線なんだ。

兵士や下層階級の労働者は二辺の長さが等しい三角形だ。二辺が二八センチで、三つめの底辺は一、二センチと短くて、頂点は恐怖心を起こさせるほど鋭く尖っている。さらに身分が低い者は、底辺が三ミリに満たないから、直線である女性とほとんど区別できない。それほど尖ってるんだ。われわれも君たちと同じで、こうした三角形のことを特別に二等辺三角形と呼んでいる。

中産階級は正三角形だ。

知識階級と有閑階級は正方形か五角形。ちなみにわたしは正方形だ。

さらに上には貴族階級がいて、そのなかもいくつかの階級に分かれている。六角形から始まって、名誉ある多角形の称号を得るまで、辺の数を増やしてゆく。最終的に、辺の数が数え切れないほど多くなって、辺の長さが短くなると、円と見分けがつかなくなり、その者は円、すなわち聖職者階級となる。これが最高位だ。

自然法則によって、息子は父親よりも辺が一つ増えるから、世代を重ねるごとに進化して階級も上がってゆく。四角形の息子は五角形になり、五角形の息子は六角形になるというような次第。

でも、この法則は、商人にはつねに当てはまるわけではないし、兵士や労働者にはさらに当てはまらないことが多い。彼らは、すべての辺が同じ長さというわけでもなく、人間らしい図形じゃないから、自然法則が適用されないんだ。それで、二等辺三角形の息子は二等辺三角形のままだったりする。ただし、希望がまったくないわけではない。二等辺三角形の子孫が低い身分から這い上がることだってある。職人や兵士の中でも知的な者は、軍事的な戦果をあげたり、まじめによく働くと、底辺がちょっと伸びて他の二辺が縮むんだ。それから、下層階級の知的な男女が（聖職者の仲介で）結婚すると、さらに正三角形に近い子どもが生まれる。

わらわらと生まれる二等辺三角形の数からすると、ごく稀にだが、二等辺三角形の両親から正真正銘の正三角形が生まれることだってある。そこまでたどり着くには、代々、慎重に結婚相手を選び、生まれてくる子どもの辺が等しくなるよう、長いことつましく自制を続け、忍耐強く、計画的に二等辺三角形の知性を伸ばし続けなければならない。

二等辺三角形の親から本物の正三角形が生まれると、まわりは大喜び。衛生社会局の厳正な審査を経て、その子が正三角形だと認められると、厳かな儀式をして、正三角形の階級に加えられる。それからすぐに、誇らしくもありながら悲しみにくれる両親から引き離され、子どものいない正三角形の養子になるのだ。養親は、今後一切、子どもを元の家に行かせず、親戚との行き来もさせないという誓いを立てる。若い成長過程の子どもが、無意識に親のまねをして、先天的なレベルに逆戻りしてしまわないようにだ。

こうやって、たまに奴隷のような身分から正三角形が生まれることは、ひたすら惨めな存在である、その階級の者たちへの希望の光となるだけでなく、上流階級にとっても喜ばしいことなのだ。彼らはこうした珍しい現象が、自分たちの特権を損なうことなく、下層階級から革命が勃発するのを防ぐ絶好の障壁になることをよく知っているんだ。

尖った角を持つ大衆は、希望や野心をまったく持っていないとしても、たくさんの扇動的な反逆者の中から指導者を見つけ、その数と力にまかせて円階級を打ち負かすかもしれない。でも、賢明な自然の法則によって、労働者階級が知性と知識と美徳を増やしていくことで、鋭角の角度も大きくなって、無害な正三角形の角度に近づいていく。もっとも野蛮で恐ろしい兵士階級も、闘う力をつけるために知性を磨くことで、戦闘能力が弱まっていくのだ。

素晴らしきかな、代償の法則！　自然の適応性を証明し、フラットランドの貴族制度を盤石にしているのだ！　円や多角形は、この自然法則を巧みに利用して、抑えがたい希望につけこむことで反乱の芽をつむことができる。技術も法と秩序のために役立っている。国側の医者が、反逆者の中でも知的なリーダーの辺を、手術で縮めたり伸ばしたりして正三角形にして、そのまま特権階級に組み込んでしまうことだってできる。基準に満たない大多数には、自分も貴族になれるかもしれないと思わせて国立病院に入院させ、そこで一生、名誉ある監禁生活を送らせればいい。最後に残った一、二名の、頑固で愚かで望みのない無法者は、処刑。

ここまでくれば、計画もリーダーも失った惨めな二等辺三角形たちは、円の長たちがこうした非常時を見越して買収しておいたスパイになすすべもなく制圧されたり、嫉妬心や猜疑心をあおられて、内輪もめになって自滅してしまうのだ。われわれの歴史には一二〇件以上の反乱が記録されていて、小さな騒乱も二三五件あるが、すべて、こうした結末をむかえている。

4　女性について

兵士階級のとんがり切った三角形が怖いのだとしたら、女性はさらに怖いことくらい、容易に想像できるだろう？　なにしろ、兵士がくさびなら女性は針。いわば全身が点、少なくとも両端が点なんだから。さらには、思うままにほとんど透明になれるときた。フラットランドの女性は、軽んじちゃいけない存在なんだ。

ここで、フラットランドの女性がどうやって姿を消すんだろうと思った読者もいるだろう。これは自明のことなんだけど、ちょっとだけ説明しておこう。

針をテーブルの上に置く。目線をテーブルと同じ高さにして、横から針を見ると、針全体の長さが見える。でも針の先から見たら、点しか見えない。事実上、見えなくなったということだ。フラットランドの女性もこれと同じ。彼女が横を向いていれば、わたしたちからは直線に見える。一方、この世界では目と口は同じ器官なのだが、その目や口がある端から見ると、強く輝く点に見え、女性がこちらに背を向けていると、薄暗い光を放つ点に見える。まさに無生物みたいに暗い。彼女にとって背中側の端は姿を見えなくする、隠れ蓑のような役割を果たすんだ。

この世界の女性が、どれほど危険な存在か、三次元のスペースランドにいたってわかるはずだ。中産階級の立派な三角形の角も危険といえば危険だ。労働者とぶつかったら深手を負うし、兵士階級の将校と衝突したら重傷は免れず、兵卒の頂点に触れただけで死ぬ危険がある。でもこれが女性だったら、即死しかないんじゃないかな？　そのうえ、女性は姿が見えないというか、薄暗い点しか見えないから、どんなに注意を払っても、ぶつかるのを避けるのは難しいよね。

そこで、この危険を最小限にするために、フラットランドの国々ではさまざまな時代に、多くの法律がつくられてきた。特に、気候が温暖でなく、引力の強い南方では、人が不意な動きをしがちなため、女性に関する法律は自然と厳しくなる。一般的な規定はこんなふうになる。

1．すべての家の東の側壁に女性専用の入り口をもうけ、女性は「気品ある礼儀正しい作法で」その入り口から入ること。男性用の西の側壁の入り口は使用しないこと。
2．女性は公共の場所を歩く際には、平和の叫びをあげ続けること。違反したものは死刑。
3．小舞踏病、ひきつけ、激しいくしゃみを伴う風邪など、不随意の動きをする病気にかかっていると診断された女性は、即刻、破壊される。

いくつかの国では、さらに法律がある。女性は公共の場所では、尻を左右に振って、後ろにいる人たちに自分の存在を知らせながら歩かなければならない。違反するとこれまた死刑。女性が旅行をするときには、息子か召使いか夫が後ろに続かなければいけない。宗教的な行事のとき以外は家に閉じこもっていることを義務づけている国もある。しかし、円や政治家の賢い連中は気づいたんだ。女性の行動を制約しすぎると、種の衰退ばかりか、家庭内での殺人を増加させるため、規範が多すぎると、国家にとって得るものより失うものの方が多くなるということに。

家に閉じ込められたり、外で規則に縛られた女性は、イライラして夫や子どもに怒りを向けやすいんだ。あまり温暖でない地域では、女性たちが一斉に反乱を起こし、ほんの一、二時間で村の男性たちを一人残らず破壊してしまったこともある。したがって、さっきあげた三つの法律だけで、国の治安向上には十分ということになる。

けっきょく、こういった法律は、われわれだけでなく、女性たちを守るためでもあるんだ。女性は、後ろ向きに動いて相手を即死させる危険があるが、そのとき、すぐに刺さった端を、もがき苦しむ被害者の身体から引き抜かなければ、彼女自身のか弱い身体も粉々になってしまうから。

流行の力も大事だね。さっき言ったように、なかには、尻を左右に振らなければ、女性が公共の場に立っていられない未開の国もあるけど、よく統治された国では、女性であるなら地位にかかわらず、この習慣は身につけているものだ。立派な女性なら当然のふるまいを、法律で強制しなくてはならないなんて恥ずべきことだよ。円階級の女性の、言うなれば調子よくうねるような、リズミカルな尻の振り方は、正三角形の妻たちの羨望の的だ。正三角形の妻がまねしても、せいぜい振り子みたいに単調に揺れることしかできないんだが、その姿も、進歩的で野心的な二等辺三角形の妻たちにとっては憧れの的で、またこれをまねするんだ。本来は尻振りが必要ない生活のはずなのにね。こうして、時とともに、あらゆる地位にある、すべての家庭に尻振りが浸透し、家族を目に見えない攻撃から守ってくれている。

女性は愛情に欠けているというわけではないけど、残念ながら、華奢な女性たちは、一時の感情がすべてに勝ってしまうんだ。これは女性が不幸な形をしているからだね。角らしい角がないんだから。最下層の二等辺三角形にも劣っていて、知性もないし、思慮も判断力も先見性もなくて、記憶することもほとんどできない。だから怒りの発作が起きると、分別を失ってしまうんだよ。実際に、家族を皆殺しにしておいて、三〇分後に怒りが収まって残骸を掃除してしまってから、夫や子どもたちはどこにいったのかしら、と尋ねた女性もいたからね。

　つまりだ、身体の向きを変えられる状態の女性を、絶対に怒らせちゃダメ。女性が部屋にいるときだけ、こちらの言いたいことを言って、やりたいことをするんだ。部屋は女性が自由に動くのを妨げるように設計されているから、こちらに害を及ぼせないし、たとえ殺してやると脅してきたって、数分もすれば忘れちゃうからね。なだめるためにした約束だって覚えちゃいないって。

　みんな家庭内の夫婦関係はうまくいっているようだけど、軍人階級の最下層だけは違うようだね。この階層の夫は、機転と思慮が足りないから、時として言語に絶する惨事が起きたりする。向こう見ずなこの輩は、良識やごまかしといった防具はもたず、鋭角という武器に頼りすぎるんだ。女性の部屋を作る際の規定をないがしろにしたり、家の外でも不適切な物言いで妻を怒らせ、そのうえ、発言をすぐに撤回しない。もっと言えば、彼らは無神経で鈍感だから、賢明な円ならすぐに気前の良い約束をして妻をなだめるのに、それさえしない。結果、大虐殺だ。まあ、悪いことばかりじゃないよ、二等辺三角形の中でも乱暴な奴らが消えてくれるわけだから。円階級の多くは、か細き女性の破壊力もまた天の配剤の一つであって、余剰人口を抑えて、革命の芽をつむためには必要なものだと考えているよ。

とはいえ、もっとも規律正しい、ほぼ円に近い理想的な家族の生活ですら、三次元のスペースランドにいる君たちの水準には及ばない。虐殺がないという意味では平和だとは言えるけど、何かを探求したり味わったりすることが欠けている。注意深くて賢明な円階級は、安全とひき替えに家庭的な安らぎを捨てたんだ。円や多角形の家庭では、古くから、妻や娘は、夫や男性陣につねに目と口を向けていなければいけないという習慣がある。上流階級の女性にとっては、もはや本能の一種になっている。名家のレディーが夫に尻を向けることは、地位を失うなどの不吉な前兆とみなされてさえいるんだ。この習慣には安全という長所がある反面、欠点もある。

たとえば、労働者や堅実な商人の家では、妻は家事をするときに夫に尻を向けることが許されているから、ハミングのような絶え間ない平和の叫び以外は、妻の姿が見えず、声も聞こえない静かな時間ができる。でも、上流階級の家ではこういう静かな時間はない。よくしゃべる口や、射るように輝く目が、絶えず家の主人に向けられているからね。そのおしゃべりのしつこいこと。女性の攻撃をそらす術は心得ていても、その口をふさぐことは実に難しい。妻というのは、話すべき内容がまったくないくせに、黙っているだけの機知や常識や分別もないんだ。だから、安全だけれど騒がしい女性のおしゃべりより、致命的だが静かな一刺しの方がましだ、と断言する皮肉屋も少なくない。

スペースランドの君からしたら、この世界で女性が置かれている状況は嘆かわしいだろうね。そのとおりだよ。たとえ最下層の二等辺三角形でも、男性ならば、角度を大きくして、卑しい身分から這い上がる希望はある。でも、女性にはそんな望みはない。「女性に生まれたら、死ぬまで女性」が自然の定め。進化の法則は、女性に不利に働いているようだ。しかし世の中うまくできている。女性に希望はないけれど、彼女たちの存在と不可分であると同時に、二次元のフラットランドの基盤にもなっている苦悩や屈辱を、思い出す能力も予測する能力もないんだからね。

5　お互いを認識する方法

君たちは、光と影に恵まれ、二つの目があるから、遠近法を知っている。さまざまな色彩を楽しんだり、実際に角を見ることもできるし、素晴らしい三次元の世界で円周をぐるりと見渡すことだってできる。そんな君たちに、フラットランドでお互いの形を認識する難しさを、どうやったらわかってもらえるんだろう？

前に言ったように、生物、無生物を問わず、フラットランドでは、すべてのものがまったく同じか、ほとんど同じ形、つまり直線に見えるんだ。すべて同じに見えるのに、どうやって区別していると思う？

答えは三つある。一つ目は、聴覚で認識する方法。わたしたちの耳は、君たちよりはるかに高度に発達しているんだ。友人の声だけでなく、階級の違いまでも聞き分けることができる。少なくとも——二等辺三角形は除いて——下の三つの階級である、正三角形、正方形、五角形については可能だ。社会的階級が上がるにつれ、識別は難しくなる。一つには、声が似てくるからだが、声による識別は下層の階級が得意とするところで、上流階級はその能力が発達していないんだ。最下層の者は発声器官が聴覚以上に発達しているため、二等辺三角形は多角形の声を簡単にまねすることができ、訓練を積めば、円の声だってまねすることができる。そうやってだまされる危険もあるから、一般的には次の識別方法がとられている。

それは触覚だ。上流階級についてはあとで説明するが、女性や下層階級の間で、知らない者同士が個人の特定ではなく、階級を判断するときに利用されている。「触れ合うこと」はスペースランドでの上流階級の「紹介」にあたる。フラットランドでは今でも「わたしの友人ナニガシに触り、触られることを貴君にお願いしてよろしいですか」といった決まり文句が、片田舎の古風な紳士の間でかわされている。ただし、都会のビジネスマンは「触られる」という言葉を省いて、単に「ナニガシに触っていただけますか」と言う。もちろん、お互いに触れ合うことが前提だ。さらに、必要以上の努力を嫌い、正しい言葉遣いに無頓着な現代の若々しい紳士は、「触る」という言葉を「触れ合うことを推奨する」という特殊な意味で使っている。最近では、上流階級の上品な方々でも、「スミスさん、ジョーンズさんに触ってもいいですか」という乱暴な物言いがスラングとして認められているくらいだ。

誤解してほしくないが、「触る」といっても、相手の階級を知るためだけだから、君たちの世界とは違って、長々とあちこち触りまくるわけじゃない。大学時代からの日々の鍛錬のおかげで、触ればすぐに、正三角形、正方形、五角形の角の判別がつく。愚かな二等辺三角形の尖った角なんか、すぐ区別できることは言うまでもない。一般的に、一つの角に触れれば十分。相手がどの階級に属するかすぐわかる。ただし、高位の貴族は話が別。識別の難易度がぐんと跳ね上がるから、ウェントブリッジ大学出の教養修士でさえ、一〇角形と一二角形を混同することがある。この有名大学の理学博士であっても、貴族の二〇角形や二四角形をためらうことなく即断できるほどの者はめったにいないんだ。

女性についての法律を思い出せば、この触覚のプロセスには、注意と配慮が必要だとわかるだろう。相手の角に不注意に触ると、取り返しのつかないケガをしかねないからね。一方の、触られる側は、直立不動だ。突発的に動いたり、そわそわ姿勢を変えたり、くしゃみひとつでさえ、致命的なことになりかねないから。友情の芽が摘まれてしまうこともある。特に下層階級の三角形は、目と角が離れているから、自分の身体の端で何が起きているのかわからない。そのうえ、三角形は鈍感だから、礼儀正しい多角形がそっと触っても気づかない。三角形がひょいと頭を動かしたせいで、この国にとってかけがえのない命が奪われることだってあるんだ！

わたしの偉大な祖父は、不幸な二等辺三角形の階級の中でも、もっとも正三角形に近かったから、亡くなる直前に衛生社会局での正三角形への昇格審査で七票中四票を獲得したんだけど、しょっちゅう目に涙を浮かべながら、ある失敗について嘆いていた。その災難は、祖父の曾祖父の曾祖父にあたる、実直な労働者階級の図形に降りかかったんだ。彼の頭の角は五九・五度だった。祖父の話によれば、この不運なわが祖先はリウマチを患っていて、多角形に審査されている最中に、突然動いてしまい、角でお偉いさんを突き刺してしまった。彼は長いこと投獄されて格下げになり、一族全体の階級も一・五度分、後退してしまった。次の世代は五八度で登録され、その後五世代かけて六〇度を達成し、ようやく二等辺三角形の身分から脱したそうだ。すべては、触わられている間のちょっとした事故から起きたことだ。

ここらへんで、教養ある読者は疑問に思うだろう。「フラットランドの住人は、どうして角や角度や分角がわかるんだろう？　三次元のわれわれは、二本の直線が交わるのを目で見ることができるけど、フラットランドの住人は、一度きに一本の直線（あるいは一本の点線）しか見えないだろう。それでどうやって、角を区別したり、異なる大きさの角度を記録したりできるっていうんだ？」

お答えしよう。たしかに角度を見ることはできないが、推測することはできるんだ。長い訓練の甲斐あって、触覚が発達しているから、君たちが道具を使わずに目測するのより、はるかに正確に角度を知ることができる。さらに自然法則にも助けられている。こちらの自然法則では、二等辺三角形の階級の頭部は〇・五度、つまり三〇分角から始まって、一世代ごとに〇・五度ずつ増えていく。目指すは六〇度。それに達すると奴隷の身分から解放されて、自由人として正三角形の階級に仲間入りできるんだ。

まさに、自然そのものが〇・五度から六〇度までの角を測る目盛りを提供してくれているようなものだ。国中の小学校に、その標本が置かれている。角は小さくなってしまうこともある。倫理や知性の停滞も影響するし、犯罪者や放浪者の階級が子だくさんのせいで、〇・五度や一度の階級はいつも人口過剰になっていて、一〇度までの角度はあふれかえっている。これらに属する者は市民権を得られず、多くは戦争に従事する知能もないので、国家によって教育用に捧げられている。動かぬよう拘束し、安全な状態にしたうえで幼年学校の教室に配付されるんだ。そこで教育委員会によって、哀れな自分たちには手に入らない機転や知性を中産階級の子どもたちに身につけさせるための教材として使われるというわけ。

国によっては、ときどき標本に餌を与え、何年か生きながらえさせることもあるが、よく統治された温暖な国では、子どもたちへの教育的見地から、標本を一ヵ月（犯罪者階級が餌なしで生存できる平均期間）で取り替える方が望ましいとされる。標本を長く生かしておいても餌代がかかるし、数週間もすると絶えず触られているせいで角がすり減って、角度が正確でなくなるからだ。政治家たちは、この方法でありあまった二等辺三角形を少しずつでも確実に減らそうとしている。教育委員会は、総じて安上がりな方法を好むが、コストをかけた方が節約になる場合も多い。

教育委員会のやり方には疑問が残るが、本題に戻ろう。触覚による認識のプロセスは、思っているより複雑でも不正確でもないことはわかってもらえただろう。聴覚による識別より、信頼性が高いことも明らかだ。ただし、触覚のプロセスには、さっき話したような危険も伴う。そこで、多くの中産階級や下層階級とともに、すべての多角形と円の階級が、三つ目の方法を好んでいる。次の章で説明しよう。

6　視覚による認識について

スペースランドで目を皿のようにして読んでいる諸君。これから言うことは、一見、すごく矛盾しているように思えるだろう。わたしは前の章でこう言ったはずだ。フラットランドではすべては直線に見える。だから、視覚によって個人や階級を見分けることは不可能だと。それなのに、これから、視覚でお互いを認識する方法について話そうっていうんだから。

前の章をちょっと読み返してもらうとわかるんだが、触覚による識別は「下層階級の間で」行なわれている、と書いてあるはずだ。温帯地域にいるもっと上の階級では、視覚による識別が行なわれているんだよ。

霧があれば、どの地域でも、どの階級の者でも視覚による識別ができる。霧は、熱帯地方を除いて、ほぼ一年中ある。スペースランドにいる君たちにとって、景色をさえぎり、気持ちを落ち込ませ、身体を弱らせる、百害あって一利なしの霧も、われわれにとっては空気に次ぐ自然の恵みであり、芸術の乳母、科学の親なんだ。どういうことか説明しよう。

もし霧がなかったら、すべての線が一律にはっきりと見えてしまう。実際に、乾燥して空気が澄んでいる国では、そう見える。

でも、濃い霧があれば、わずかでも距離がある物同士、たとえば一〇〇センチ先にある物体は、九八センチ先にある物体よりも、ぼんやりと見える。というわけで、相対的な暗さと鮮明さを徹底的に観察しているうちに、見ている物の形を正確に推測できるようになるんだ。

例をあげたほうが、わかりやすいかもしれないね。

こちらに二人の人が近づいてくる。彼らの階級を知りたい。彼らは商人と医者、つまり正三角形と五角形だとしよう。でも、どうやって二人を見分ける？

幾何学の入り口に立ったばかりの、スペースランドの子どもたちにだってわかることだ。近づいてくる図形の、角Ａを二分する位置に視点をもってきて、均等の位置から二つの辺ＣＡとＡＢを見る。すると二辺は同じ長さに見える。

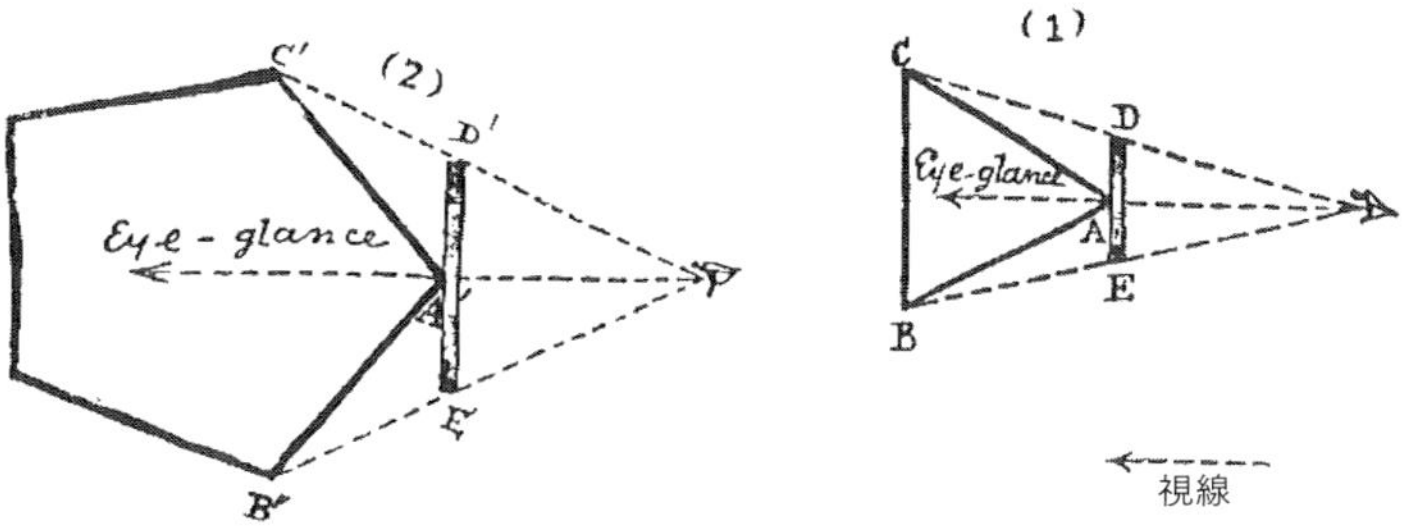

相手が商人の場合（図(1)）、どんなふうに見えるだろう？　相手はDAEという直線に見える。中点Aは、こちらにいちばん近いから、とても明るく見える。でも、線の両側は急に暗くなっていく。辺ACと辺ABは霧の奥へかなり引っ込んでいるからで、商人の両端DとEは、ものすごく暗くぼんやりして見える。

一方、相手が医者の場合（図(2)）。やはり、D′A′E′という直線と、明るい中点A′が見えるが、線の両側はそれほど急に暗くなっていない。辺A′C′と辺A′B′は、それほど急に霧の奥に引っ込んでいないからだ。だから、医者の両端D′とE′は、商人の両端ほど暗くならない。

この例で、わかってもらえただろう。長年の訓練と経験によって、われわれの教養ある階級は、中流階級と下層階級とをかなり正確に見分けられるんだ。理解あるスペースランドのみんなが、「バカなことを言うな」と否定したりせずに、そんなこともあるかもしれないと、漠然と思ってくれれば上々だ。これ以上、詳しく説明しろと言われても困ってしまうよ。

実は、いま例にあげたのは、わたしが自分の父と息子たちを見分ける

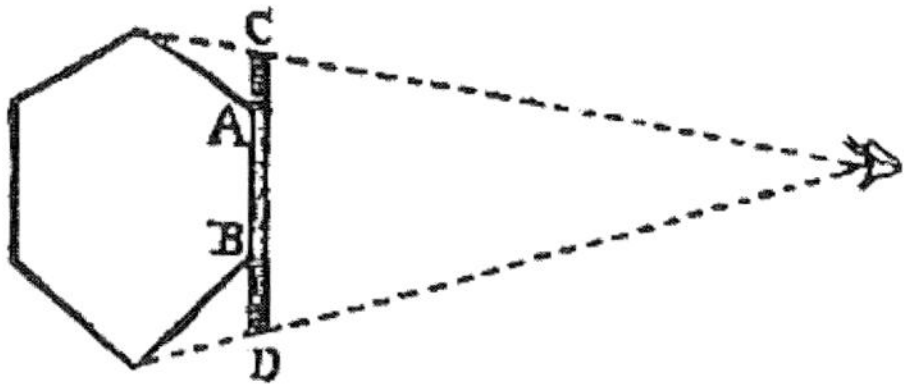

方法なのだが、この二つの単純な例だけを見て、視覚による識別は簡単だと早とちりしてしまう、経験の浅い若者もいるかもしれない。ところが実生活では、視覚による識別は、はるかに繊細で複雑なんだ。

たとえば、わたしの父は三角形なのだが、父がうっかり角ではなく辺を向けてこちらに近づいてくると、向きを変えてくれと頼むか、わたしが父のまわりをぐるっと回ってみるまでは、父が直線、つまり女性、ではないという確信が持てなかったりする。

こんなこともある。六角形をした孫の一人と一緒にいるとき、辺ＡＢの正面から彼を眺めてみる。見えるのは、図からもわかるように、両端まで明るさがかわらない、比較的明るい線ＡＢと、全体的に暗くて短い二本の線ＣＡとＢＤで、両端のＣとＤに向かって、だんだん暗くなっている。

この話題は、ここらへんにしておこう。スペースランドの凡庸な数学者だって、すぐにわかってくれるだろうが、こうした日々の問題は、教養ある人々にとっても例外ではない。たとえば、舞踏会や学術懇談会で、自ら回転したり前後に移動しながら、視覚をたよりに、バラバラの方向に動いているたくさんの高位の多角形を識別するとかね。こうした日々の問題は、最高に知的な人々をも悩ませる性質のもので、著名なウェントブリッジ大学が、静的幾何学や動的幾何学の学識ある教授たちを豊富にそろえていることもむべなるかな。この大学では日々、視覚認識の科学と技術の講座が、おおぜいのエリートたちに向けて開かれているんだ。

とはいえ、この気高くて有益な技術を、お金と時間をかけて徹底的に追究することができるのは、一部の限られた高貴で裕福な家の御曹司だけだ。決して卑しい身分ではなく、将来有望な正六角形の孫が二人いる数学者のわたしですら、くるくる回転する高位の多角形たちのまんなかで途方に暮れることがある。普通の商人や奴隷にとっては、こんな光景は理解不能。君が突然こちらの世界に連れてこられたようなものさ。

こうした人混みの中では、どこを向いても線しか見えない。一見するとまっすぐだが、明るさや暗さが、部分部分で不規則に変化し続けている。大学で五角形や六角形のクラスで三年学んで、この分野の理論を完全に理解していたとしても、自分より身分の高い人にぶつかることなくセレブたちの群れの中を移動するには、さらに何年もかかることを思い知らされるだろう。彼らに「触らせて」もらうのはエチケットに反するし、向こうは生まれも素養も優れているから、こちらの動きを熟知してるのに、こちらは向こうの動きをほとんど、というかまったく知らないときている。要するに、多角形の社会で、完璧な礼儀作法にのっとってふるまうためには、本人が多角形でなきゃだめなんだ。少なくとも、これが、わたしが苦い経験から得た教訓だ。

「触る」習慣をやめて、視覚による認識を日常的に実践することで、識別する技術、いや、むしろ動物的な勘とでも言うべきものがどれだけ向上するか、びっくりするばかりだ。君たちの世界で、聾啞者が身振りや手話を許されると、もっと難しいけれど有益な口話法や読唇術を習得できなくなるのと一緒で、われわれの世界でも、小さい頃から「触る」ことに頼っていると、「見る」ことを完璧に覚えることは不可能になってしまう。

そういうわけで、上流階級では、「触る」ことはよしとされないか、完全に禁止されている。彼らの子どもたちは幼少期から、触る技術を教える公立小学校ではなく、排他的な校風の、もっと高級な学校に通わされるんだ。著名な大学では、「触る」のは極めて重大な過失とみなされ、違反すると一度目は停学、二度目は退学だ。

下層階級にとっては、「視覚による認識」は手が届かない贅沢だ。普通の商人は、息子の人生の三分の一も費やして抽象的な学問をさせる余裕なんてない。だから、貧乏人の息子は早いうちから「触る」ことを許される。その結果、早熟で活発になるから、はじめのうちこそ、不活発で未熟な、教育半ばの多角形階級の若者たちより勝って見える。しかし、彼らが大学課程を修了し、理論を実践する準備がととのうと、生まれ変わったみたいに、あらゆる芸術、科学、社会活動で、あっという間に三角形たちを抜き去って、差を広げてしまうんだ。

わずかながら、大学の卒業試験に落ちる多角形階級もいる。この少数の落伍者はほんとうに惨めなものだ。上流階級から拒絶され、下層階級からも馬鹿にされる。多角形の学士や修士のように訓練された一人前の能力もなければ、若い商人のような、生まれつきの早熟さや機知に富んだ多才さもない。専門職や公職への道は閉ざされてしまう。たいていの国では、彼らの結婚は禁じられているわけではないが、非常に難しい。そんな不運でできそこないの両親の子どもは、外見は明らかに不規則な形には見えなくとも、不運を受け継ぎがちだからだ。

過去の暴動や反乱のリーダーは、こうした貴族の落ちこぼれたちだ。その被害は甚大なので、大学の最終試験に落ちた者は全員、終身刑か苦痛を伴わない死刑に処する法律を作って抑え込むことこそ真の慈悲だ、という意見の進歩的な政治家が少数ながらいて、その数は増えつつある。

不規則な形をした図形へと話題が横道にそれてしまったが、これはとても興味深い問題だから、次の章できちんと説明しよう。

7　不規則な図形について

最初に言っておくべきだったかもしれない。これまでの話の前提は、フラットランドの人間がみんな規則的な作りをした図形だということなんだ。つまり、女性はただの線ではなく直線、職人や兵士は二辺が等しく、商人は三辺が等しい。法律家（わたしと同じ階級だ）は四辺が等しい。多角形はすべての辺が等しくなければならない。

辺の長さは年齢によって違う。生まれたばかりの女の子は二・五センチだが、成人女性は三〇センチほどになる。成人の男性は、どの階級でも、辺の長さを足したら六〇センチか、それよりちょっと長くなる。でも、大切なのは、辺の長さが等しいかどうかなんだ。フラットランドの社会生活は、すべて、あらゆる図形が等しい長さの辺を持つよう自然が望むという基本的事実の上になりたっているからね。

もし、辺の長さが等しくないと、角度も等しくないことになる。そうなると、一つの角を触ったり見たりしただけでは、相手の形を判別できないから、すべての角を触って確かめなきゃならない。そんなことするほど、人生は長くないよね。視覚による識別の科学と技術は、あっという間に消滅し、触ることも長くはもたないだろう。人々の交流は危険で不可能となり、信頼や配慮もなくなってしまう。危険すぎて、もっとも単純な社会的取り決めをすることすらできなくなる。これでは文明が未開に逆戻りだ。

ちょっと結論を急ぎすぎたかな？　普段の生活の例を一つあげれば、われわれの社会システムが角が等しいという規則性に基づいていることをわかってもらえるはずだ。たとえば、道で数人の商人に会ったとする。ちらっと見ただけで、その角度と辺の急な暗さから、彼らが商人だとわかる。そうしたら、自信をもって一緒に昼食でもどうですかと自宅に招き入れることができる。誰でも、多少の誤差こそあれ、成人の三角形が占める面積がわかっているからだ。でも、招待した商人たちが、等しく見えた立派な角の背後に、対角線の長さが三〇センチほどの平行四辺形を引きずっていたとしたら？こんな怪物が家のドアにグサリと突き刺さってしまったら、お手上げだよ。

スペースランドに住んでいる君たちにとって当たり前のことを、これ以上説明するのはバカにしているかもしれないけどね。こんな不吉な状況では、一つの角を測るだけでは不十分だ。そうなると、知人の辺の長さを触ったり調べたりするのに、一生を費やすことになる。教養ある正方形にとってでさえ、人混みでぶつからないようにするだけでも大変なのに、まわりの誰一人として、規則性がないなんて。混沌と混乱のなかで、ちょっとでもパニックになったら、大ケガをしてしまう。女性や兵士がいあわせたら、大勢の死者も出かねないよ。

だから、利便性と自然が、図形の規則性に承認印を与えているし、法律もそれに水を差したりしない。われわれにとっての「形の不規則さ」は、君たちの世界で言えば、不正や犯罪、それ以上のものだから、それなりの扱いを受けるというわけ。一方で、幾何学的な不規則さイコール不道徳というわけではない、という逆説を広める者たちもいる。その主張はこうだ。「形が不規則な者は、生まれたときから両親に馬鹿にされ、兄弟姉妹にあざけられ、召使いに無視され、社会からも軽蔑され疑われ、責任や信頼ある地位、有用な活動から除外される。大人になったら、検査のために出頭させられる。一定の範囲を超えているとわかったら死刑になるか、第七階級の事務員として、官庁に閉じ込められてしまう。結婚も許されず、安月給で単調な仕事をやらされ、官舎で寝起きし、休暇中さえ休まず監視される。こんな環境では、どんなに純粋な善人だって、恨みを募らせて当たり前じゃないか！」

もっともらしい屁理屈だが、わたしはだまされない。もっとも優秀な、わが国の政治家たちだってわたしと同意見だろう。われわれの祖先たちが、不規則な者への寛容さと国の安全はあいいれないことを政策原理としたのは正しい。不規則図形の人生はまちがいなく辛いものだが、多数の利益のために、辛くあるべきなんだ。もしも、前面は三角形で後ろは多角形なんて存在が許され、さらに不規則な子孫を増やしていったら、われわれの生活はどうなる？　この怪物が入れるように、フラットランド中の家や教会を建て替えなくちゃいけないのか？　劇場のもぎりや講義室の入場係は、全員の大きさを測ってから入場を許可すべきなのか？　不規則な図形は、兵役を免除されるべきなのか？　免除されないなら、どうやって彼らが軍の隊列を乱すのを防ぐのか？　そもそも不規則な図形は、不正を行なわずにはいられないんだぞ！　彼らにとって、多角形の部分を前にして店に入り、信用した商人に、たくさん品物を注文するなんて簡単なことだ。博愛主義者と呼ばれている連中は、不規則な者たちへの罰則を撤廃するよう主張しているが、勝手にやらせておけばいい。自然は、不規則な者が、偽善者、人嫌い、悪事の限りを尽くす者になるように定めているんだ。わたしが知る限り、例外はいない。

奨励するつもりはないが、いくつかの国では、生まれた赤ちゃんが正しい角度から少しでもずれていたら破壊してしまう。一方、もっとも高位で有能な人物や、天才の中にだって、子どもの頃に四五分以上の角のずれに苦しんでいた者がいる。彼らの貴重な命が失われていたら、国家にとって取り返しのつかない損失になっていただろうね。他にも、圧縮したり、伸ばしたり、穴を開けたり、くっつけたりという外科的手法や栄養療法などの治療技術が、素晴らしい勝利を収め、不規則性の一部、または全部を治せたりする。これについて、わたしははっきりした境界線を引こうとは思わない。しかし、形が定まり始め、医学会が回復の見込みがないと判断したら、不規則な者の子孫を、苦痛を与えず慈悲深い方法で破壊するべきだと思うよ。

8　古代の色塗り習慣について

ここまで読んでくれた読者なら、フラットランドでの生活はさえないんだよ、と言われても、驚きはしないだろうね。戦争や陰謀、騒動、派閥争いといった歴史を面白くする出来事がないわけじゃない。人生の問題と数学の問題とが奇妙に混ざり合っていて、絶えず憶測し、すぐに検証するので、スペースランドの君たちには理解できないような面白味があることを否定するつもりもない。暮らしがさえないと言ったのは、美的かつ芸術的な観点においてなんだ。美的にも芸術的にも、本当に本当に退屈なんだから。

退屈でも当然だ。景観も歴史的な作品も、肖像画、花、静物画、あらゆるものが一本の線で、違いは明るさと暗さの度合いくらいだからね。

でも、ずっとそうだったわけじゃない。歴史が正しければ、六世紀以上前には、われわれの祖先の生活には輝かしい色があった。五角形で名前は諸説ある、ある人物が、偶然にも色の成分と彩色の基礎的な技術を発見した。彼は、まずは自分の家に色を塗り、さらには奴隷たち、父親、息子、孫、最後には自分自身に色をつけていったという。それはとても美しいだけでなく便利なものだったから、誰もが感心した。もっとも権威ある者たちが、彼を色彩学者と呼ぶことに決めた。

彼が自分の彩り豊かな身体を回転させるたびに、注目をあび、尊敬された。彼には誰も「触る」必要がなく、正面と背中を間違えることもない。近所の人たちは、計算することなしに簡単に彼の動きをすべて確認できた。彼にぶつかったり、道を譲り損ねる人もいない。色のない正方形や五角形が、無知な二等辺三角形の群れの中を移動するときに、自分の身分を示すためにあげる、あの疲れる声出しも彼はせずに済んだ。

この流行は野火のごとく広まった。一週間もたたないうちに、その地区中の正方形と三角形が色彩学者をまねし始め、保守的な五角形の一部だけが抵抗していた。一、二ヶ月後には、十二角形までもがこの革命に染まった。一年もしないうちに、身分が非常に高い貴族以外のみんなに広まった。言うまでもなく、この風習はすぐに色彩学者の地区から周辺地域にも伝わっていった。そして、二世代たつ頃には、女性と聖職者を除き、色のない者はフラットランドからいなくなった。

まるで、自然の障壁がたちはだかって、女性と聖職者という二つの階級へ革命がおよぶことに抗しているみたいだった。革命家になるためには、多くの側面（訳注：三次元での辺）があることが、ほぼ不可欠だったからだ。

「側面の区別は色による区別なり。それが自然の摂理である」当時こんな詭弁がとびかい、街全体をこの新しい文化に染めていた。だが、この格言は、聖職者や女性には当てはまらなかった。女性には一つしか側面がないから、学術的にこだわれば「複数の側面がない」のだ。女性がそれを嘆く一方で、聖職者は、自分たちは本物の円であって、無限の数の限りなく小さい側面でできた単なる高位の多角形ではないと言い張り、一本の線だけでできた外周を自慢していた。その他大勢が身体を飾る魅力に屈したなかで、この二つの階級は「側面の区別は色による区別なり」という格言の効力をまったく感じないようだった。こうして、聖職者と女性だけが絵の具に汚されずに残った。

不道徳、わいせつ、無政府主義、非科学的。どう呼んでもらってもかまわない。だが、美的観点から見れば、こうした大昔の色彩革命の日々は、フラットランドにおける芸術の輝かしい幼年時代だったのだ。この幼年時代は、決して大人になることも、青年になることすらなかったけれど。当時、生きることはそれだけで楽しかった。生きることは見ることだったからだ。小さなパーティでさえ、仲間の姿を見るのは喜びだった。教会や劇場に集う豊かな色彩に、もっとも偉大な司祭や俳優たちですら気を散らしてしまったことも一度や二度ではない。そして、とりわけ魅惑的だったのが、筆舌に尽くせぬほど荘厳な観兵式だった。

二万人もの二等辺三角形の隊列が突如として回れ右をすると、底辺の地味な黒が鋭角を挟むオレンジや紫の二辺と入れ替わる。正三角形の民兵は赤と白と青の三色。藤色、群青、藤黄、焦げ茶の正方形の砲兵が朱色の銃のまわりをくるりと回転し、五色の五角形と六色の六角形の、煌びやかで颯爽とした軍医や幾何学者や副官が広場を駆け抜けてゆく。自分の指揮下にある軍隊の芸術的な美しさに圧倒され、指揮杖と王冠を放り出して、「余は今から画家になる!」と叫んだという有名な円の逸話もあながち嘘ではなかったように思われる。この時代の感性の発達が、どれだけ偉大で輝かしいものだったかは、ある程度、当時の言葉や語彙から察しがつく。色彩革命時の平凡な市民の平凡な話しぶりさえ、その言葉と考え方は豊かな色彩に満ちていたようだ。もっとも素晴らしい詩や、現代のより科学的な話し方にも残っているリズムは、この時代のおかげなんだ。

9　万民色彩法案についての話

一方で、知的な技術は急速に衰えていった。視覚による認識の技術が不要になって、実践されなくなった。幾何学、静力学、動力学、他の同系統の学問も無用なものとされ、大学でも軽んじられ、無視されるようになった。小学校でも、下等な触る技術が同じ運命をたどった。二等辺三角形階級は、標本はもういらないと主張し、犯罪者たちが脈々と担ってきた教育への奉仕を拒むようになった。犯罪者は日増しに増え、傲慢になっていった。野蛮な性質を抑え、過剰な人口を間引く、一石二鳥のくびきを逃れたからだ。

兵士や職人は、年を追うごとに、自分たちと最高位の多角形とにはたいした違いがないと激しく主張をしはじめ、その正当性は増していった。静力学であろうと動力学であろうと、あらゆる困難や人生の諸問題は、色彩による認識という単純なやり方によって解決することができるようになった。ゆえに、みんな高位の連中と同等になったと、主張したのである。彼らは視覚による認識が自然と軽視されるようになっただけでは満足せず、大胆にも、あらゆる「独占的で貴族的な技術」、そして視覚による認識や数学や触覚の研究資金も法律で廃止すべきだと要求した。やがて、第二の天性である色彩によって貴族階級の区別が必要なくなったのだから、法律もこれに倣うべきであり、これからはすべての階級を完全に平等と見なし、すべての人が等しい権利を持つべきだと要求しはじめた。

どうしようかと、身分の高い者たちが動揺しているのを見て、革命リーダーたちはさらに要求を増してゆき、聖職者や女性も含め、すべての階級が、色彩に敬意を表して色を塗るべきだとした。聖職者と女性には側面がないじゃないかという反論には、彼らの前半分、つまり目と口がある方に色を塗り後ろ半分と区別しやすくすることは、本質的にも利便性においても理に適うと言い返した。こうして、フラットランドのすべての国が集まる臨時総会に、すべての女性の目と口がある前半分を赤、後ろ半分を緑に塗るべきという法案が提出された。聖職者も同じように、目と口を中心とする半円を赤、もう一方の後ろの半円を緑に塗れという。

この法案は実に巧妙だった。二等辺三角形たちが発案したのではなく、一人の不規則な円が作成したのだ。二等辺三角形は下等だから、そんな政治モデルを考えつくどころか、理解する頭脳さえないからね。この不規則な円は、寛大な措置によって子ども時代に破壊されずに生き残ったせいで、結果、国を荒廃させ、たくさんの臣下に破壊をもたらしたのだった。

この法案には、すべての階級の女性を色彩革命側に引き入れる狙いがあった。聖職者と同じ二色を割り当てることで、彼女たちが特定の姿勢をとると聖職者そっくりになり、それ相応の尊敬と敬意を受けられるようになると、革命者たちは請け合ったのだ。これに女性たちが引きつけられないわけがない。

新しい法律によって、女性と聖職者が同じに見えるようになる可能性を理解できない人もいるだろ

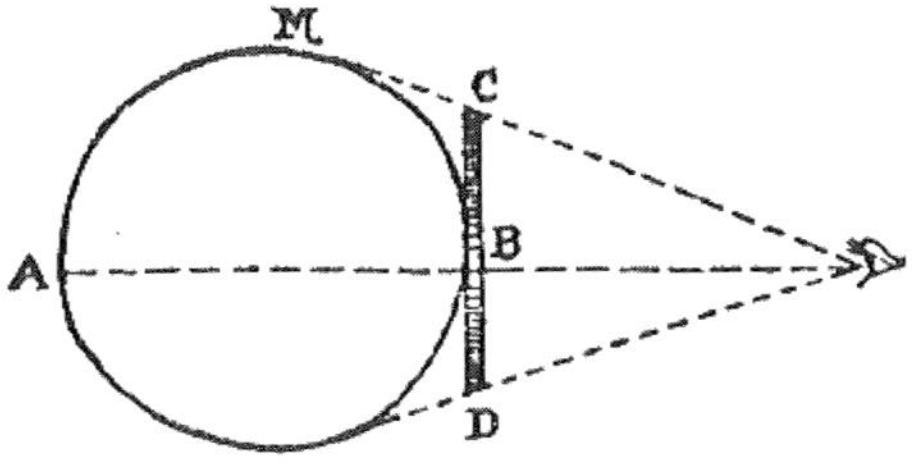

うね。ちょっと説明すればわかるはずだよ。
新しい法律に従って、女性が目と口がある前半分を赤、後ろ半分を緑で塗ったとする。側面から見ると、当然、半分が赤で、半分が緑の直線が見えるはずだ。
さて、聖職者はどうかというと、彼の口はMにあり、前の半円AMBが赤く、後ろの半円が緑に塗られている。線ABを境に、赤と緑に塗り分けられていることになる。この偉大な男性を、線ABの延長線上から眺めると、一本のまっすぐなCBD線が見えてくる。直線の半分のCBは赤で、もう半分BDは緑だ。直線CDの長さは、成人女性よりも少し短くて、両端に向かって急激に暗くなっている。だが、そういった細部は、色で見分ける方が先に立ち、無視されてしまう。色彩革命によって、視覚による認識は衰退しつつあったからね。女性たちもすぐに、端を暗くして円に似せる技術を身につけていくだろうし。ここまで説明すれば、色彩法案が、聖職者と女性を混同させてしまう、大きな危険をはらんでいることがわかってもらえただろう。
か弱き女性たちにとって、聖職者と見間違われる可能性が、どれほど魅力的だったか。彼女たちは喜びながらその法律に期待を寄せた。家庭内では、夫と兄弟だけに許された、政治的、宗教的な秘密を聞くことができるかもしれないし、聖職者である円のふりをして、命令することができるかもしれない。家の外では、赤と緑の強烈な組み合わせのせいで、一般人に次から次へと間違いをおかさせ、通行人から円が受け損なった敬意を、女性たちが享受するかもしれない。女性の下品なふるまいが、円階級のせいにされてスキャンダルが起き、そこから国家政府すらひっくり返ってしまうかもしれないが、女性たちに、そこまで考えを巡らすことなど期待できない。円階級の女性でさえ、万民色彩法案に大賛成だった。

さらにこの法案には、円をゆっくりと堕落させるという二つ目の狙いがあった。知性が低下している世の中にあって、円はいぜんとして生来の明晰さと理解力を保っていた。幼い頃から色彩がまったくない家庭に慣れているため、この高貴な人たちだけが、視覚による認識という神聖な技術を維持し、称賛すべき知性の訓練の成果を強みとしていた。万民色彩法案が導入されるまで、円は自分を貫き通しただけでなく、大衆の流行に迎合しないことで他の階級よりも地位を高めてきたのだ。

この悪魔的な法案を作成した狡猾な不規則な円は、色彩の強制によって階級のヒエラルキーを一発で無力化させ、同時に、純粋で無色の家庭をなくすことで、視覚による認識の技術を家庭内で訓練する機会を奪い、円の知性を削ごうと企んでいたのだ。一度、色彩に汚染されてしまえば、円は親子ともども堕落してしまう。円の子どもが視覚による理解力を訓練するのは、父親と母親を見分けるときだけとなり、それさえも、母親がペテンをするから当てにならず、子どもの論理的結論に対する信頼が揺らいでしまう。このままでは、聖職者階級の知性は輝きを失い、貴族制度の崩壊と特権階級の転覆へと道が開かれるはずだった。

10　色彩暴動の鎮圧について

万民色彩法案を求める運動は三年間も続いた。最後の瞬間まで、無政府主義者が勝利するかに見えた。

多角形たちは一兵卒として戦ったが、力で圧倒的に勝る二等辺三角形に完膚なきまでに叩きのめされてしまった。その間、正方形と五角形は中立を保っていた。最悪なのは、もっとも有能な円たちから、夫婦喧嘩で犠牲が出たことだ。多くの貴族の家庭で、政治的な敵意に燃えた妻たちが色彩法案に反対しないよう夫に懇願したが、それがかなわないとわかると、罪のない子どもと夫に襲いかかって殺害し、その最中に自ら命を落とす妻たちもいた。三年間の動乱の間に、二三人以上の円が家庭内の不和で命を落としたという記録もある。

大いなる危機だ。聖職者たちは、服従か死か、選択を迫られた。だが、このとき、劇的な出来事によって潮目が一気に変わった。民衆の共感に強く訴える力を持ち、政治家たちが決して無視することのできない願ってもない出来事であり、時に政治家たちが自ら仕掛けることもあるような、そんな事件だった。

ある下等な、せいぜい四度を超えるくらいの小さな頭をした二等辺三角形が、ある商人の家を略奪中に、自ら塗ったのか塗らせたのか諸説あるが、たまたま一二角形のような一二色になった。その後、そいつは市場へ行き、高貴な多角形の遺児である娘に近寄って声色を変えて話しかけた。その二等辺三角形は、以前からその娘にちょっかいを出してはふられていた。いくらかのペテンと、話が長くなるから省くが、一連の幸運な偶然や、花嫁の親類が信じられないくらい愚かで無防備だったことに助けられ、二等辺三角形はまんまと娘との結婚に成功した。この不幸な娘は、騙されていたことに気づくと自ら命を絶ってしまった。

このひどいニュースが国から国に伝わると、女性たちは激しく動揺した。かわいそうな犠牲者への同情、自分の姉妹や娘も同じように騙されるのではないかという思いから、色彩法案をまったく別の視点から見るようになったのだ。そして、少なからぬ女性たちが、色彩法案に反対し始めた。残りの女性たちに反対を公言させるには、あとほんの一押しだった。円はこの好機を見逃さなかった。臨時総会を招集し、通常の受刑者たちによる警備のほか、多くの反対派の女性が安全に出席できるよう手配したのだ。

類を見ない大群衆の中から、パントサイクラス（全円という意味）という名の円階級の長が立ち上がると、一二万人の二等辺三角形からブーイングが巻き起こった。だが、彼が円階級は大多数の願いを認め、色彩法案を受け入れる方針だとなだめるように宣言すると、不満の声がすぐに拍手へと変わった。そしてこの円の長は、聖職者階級が提出した法案を受け取るよう、反乱のリーダーである色彩学者をホール中央に招いた。それからほぼ一日かけて、要約したらその価値が十分に伝えられないほど、レトリックの傑作ともいえる演説を行なった。

パントサイクラスは公正さがにじみでる厳粛な態度で、ついに、われわれは改革を成し遂げるのだと宣言した。最後にもう一度この問題を、長所と短所を含めて、全体的な視点で見ていこうではないか。それから商人や知識階級への危険性について、ゆっくりと話を進め、二等辺三角形たちからの文句には、こうした欠点があっても、多数が賛成するなら、この法案を喜んで受け入れるつもりだ、と言って不満を鎮めた。二等辺三角形を除く全員が彼の言葉に心を動かされ、法案に対して中立か反対にまわっていくのは一目瞭然だった。

次に、労働者たちに向かって、あなた方の利益も無視されるべきではない、少なくとも、採用した場合に何が起きるか理解した上で採用すべきだ、と力説した。あなた方の多くはもうすぐ正三角形階級として認められようとしているし、自分には手が届かなかった栄誉を子どもたちに期待する者もいるだろう。しかし、こうした立派な野心が犠牲になろうとしているのだ。何もかもに色彩が採用されれば、すべての区別がなくなる。正多角形と不規則な多角形が混同されるようになる。進歩は後退にとってかわる。労働者は二、三世代のうちに兵士、悪くすると囚人の階級まで落ちていくだろう。政治的な権力は最多数の手にわたる。つまり犯罪者階級へだ。彼らはすでに労働者の数を上回っているから、自然の代償の法則が破られれば、すぐに他のすべての階級全部を合わせた数より多くなってしまうだろう。

くぐもった同意のざわめきが職人たちに広がると、色彩学者は焦って彼らの方へ歩み寄って反論しようとしたが、警備員に取り囲まれ、黙らせられた。その間に、円の長は手短に熱のこもった言葉で、女性たちに最後のアピールを行なった。色彩法案が通ったら、結婚は安全なものでなくなり、女性たちの貞節も守られなくなる。ペテンとごまかしと偽善がすべての家庭に蔓延し、家庭がもたらす至福は国の政治体制と同じく、まっさかさまに破滅へと向かう運命である。彼は叫んだ、「それより前に、死が訪れるだろう！」

この言葉が合図だった。事前の打ち合わせどおり、二等辺三角形の囚人たちが惨めな色彩学者に襲いかかって突き刺し、正多角形階級は女性陣に道をあけた。彼女たちは円の指示に従い、背中を先にして、目立たないように着実に、気づいていない兵士たちに近づいていく。職人たちも、上の階級にならって道をあける。その間に、囚人の一団が、突破不可能な密集態勢をとって、すべての出入口をふさいだ。

この戦闘、というより大虐殺はすぐに終わった。円階級の巧みな指揮により、女性たちは致命的な攻撃を加え、多くは無傷で先端を引き抜き次の殺戮にそなえたが、その必要はなかった。二等辺三角形は暴徒と化し、自滅してしまったのだ。突然のことに驚き、リーダーを失い、正面から見えない敵に攻撃され、さらに囚人たちに退路を断たれた彼らは、例によって、あっという間に冷静さを失って「裏切り者！」と口々に叫び始めた。彼らの運命は決まった。二等辺三角形は、お互いが敵に見えてしまい、三〇分後には、あれほどたくさんいたのが全員死んでしまった。お互いの角で殺し合った一四万もの犯罪者階級の破片が、秩序の勝利を証明していた。

円階級は間髪を入れず、この勝利を最大限におしすすめた。労働者階級は間引かれた。すぐに正三角形の民兵が招集され、合理的な根拠をもって不規則だとみなされる三角形は、衛生社会局による正確な計測という手続きをふまずに、軍法会議により処刑された。兵士や職人階級の家庭は、一年以上も巡回されて見張られた。その間、すべての町や村や集落において、犯罪者を標本として学校や大学に納めることを怠ったり、フラットランドの憲法である自然法則にさからったりして増えた者たちが組織的に粛清された。こうして、階級間のバランスがふたたび戻った。

言うまでもないが、それ以降、色の使用は廃止され、色を持つことも禁止された。円や資格を有する科学教師を除いて、色に関する言葉を口にするだけで、厳罰に処せられさえした。大学のとても高度で難解なクラスでだけ、数学の難しい問題を説明するために最小限に色を用いることは、いまだに認められている。まあ、わたし自身は、そうしたところで学ぶ栄誉に浴したことはないし、これはあくまで噂だがね。

フラットランドには、もう色は存在しない。今日において、色を作る技術を知ることができるのは、生きている者の中でたった一人、円の長だけで、代々、後継者にのみ受け継がれていく。色を作る工場も一つしかなく、秘密が漏れないよう、労働者は一年ごとに抹殺され、新しく入れ替えられる。今でさえ、貴族たちは、はるか昔の色彩法案による動乱の日々を思い起こすたびに、身震いしているのだ。

11 聖職者について

フラットランドについて、とりとめもなく書いてきたが、ここらへんで本書の核心に進もう。わたしの、三次元（スペース）の神秘への開眼についてだ。これこそ本題で、これまでのは単なる前置きにすぎない。

そんなわけで、読者が興味を抱かずにいられないような話題についての解説も省くことにする。たとえば、足がないのに、どうやって進んだり止まったりするのか？　手がないから、君たちみたいに基礎を築くことも地面の側圧を利用することもできないのに、どうやって木や石やレンガの構造物を固定するのか？　他にも、雨がそれぞれの地域で間隔をおいて降ることや、それゆえに南部地方で雨になるはずの水分を北部地方で横取りしてしまう恐れがないこと。丘や鉱山、樹木や野菜、季節や収穫について。文字や、それを直線の板に書く方法。こうした何百もの物理的な事柄の詳細については飛ばすつもりだ。単に忘れたと思われたくないがために、これらに言及するつもりもない。読者の時間を無駄にしたくないからだ。

しかし本題に進む前に、君たちは最後にいくらかの説明を期待しているはずだ。フラットランドを支える大黒柱、われわれの行ないを支配し運命を形作る者、万民が忠誠を誓い、崇拝の対象でもある人々について。そう、円階級、つまり聖職者たちのことだ。

「聖職者」といっても、君たちの世界でのそれよりも、ずっと多くの意味を持っている。われわれにとって、聖職者はすべてのビジネス、芸術、科学の管理者であり、商業や貿易、軍事、建築、工学、教育、政治、立法、道徳、神学の指導者でもある。といっても、聖職者が自分で何かをするわけではない。彼らは、価値がある行ないの指針であり、それを実行するのは他の者たちだ。

一般人は誰もが「円」は円だと思っているが、教養ある階級は、本当の円である「円」などおらず、すごくたくさんの、とても小さな辺でできている多角形にすぎないことを知っている。辺が増えれば、多角形は円に近づく。たとえば辺の数が三〇〇から四〇〇くらいになってくると、どんなに繊細な触覚でも、多角形の角を感じ取ることはきわめて難しい。いや、難しいはずだ。前にも言ったように、上流社会では触覚による認識は知られていないし、円に触ることは、もっとも大胆な侮辱と見なされるからね。とにかく、上層階級では触れることを慎む習慣があるから、円は神秘のベールをやすやすと維持できているのだ。円は、幼い頃から自分の円周の本性を隠している。円の円周が平均九〇センチだとすると、三〇〇角形なら一辺は三ミリに満たない。六〇〇角形や七〇〇角形だったら、一辺はスペースランドにある針先の直径よりわずかに長いだけだ。さしあたって、慣例上は円の長は常に一万角形とされている。

円の子孫が社会階級を上げるにあたっては、身分が低い正多角形階級とは違って、一世代に増えるのは一辺だけという自然法則には縛られない。もし法則に従うとしたら、円の辺の数は単に家系と計算だけで決まり、正三角形は四九七代後に五〇〇角形になることになる。しかし、実際にはそうならない。自然法則には、円の繁殖について、相反する二つの規則がある。第一に、階層が高くなると進化のペースが加速すること。第二に、同じ割合で繁殖力が落ちること。結果、四〇〇角形や五〇〇角形の家には、めったに子どもがおらず、二人以上の子がいる家庭は皆無だ。ただし、五〇〇角形の息子は、辺が五五〇や六〇〇になることが知られている。

こうした高度な進化には技術も介入している。医師たちは、高位の多角形の幼児の、小さくてやわらかい辺を折り曲げて、骨格を正確に組み直せることを発見した。これには重大なリスクが伴うため、常にというわけではないが、時には、二〇〇角形や三〇〇角形が、二〇〇から三〇〇世代を飛び越し、高貴さを一挙に倍増させてしまうことができる。

多くの有望な子どもたちが、この方法の犠牲となっている。生き残るのは、かろうじて一〇人に一人。それでも、円階級の一歩手前にいる高位の多角形の親たちの野心は非常に強く、この地位にある貴族で、生後一ヵ月になる前に第一子を「円にするための最新治療施設」に入れ忘れるような者はめったにいない。

治療の成否は一年でわかる。その頃には、子どもは十中八九、最新治療施設の墓地を埋めつくす墓石の一つになっている。だがまれに、治療がうまくいって、大喜びの両親のもとに幼児が戻されることがある。もはや多角形ではなく円となったわが子。少なくとも建前上は。そんなたった一つの祝福された結果のせいで、大勢の多角形の両親が、同じように、子どもを家族のために犠牲として差し出すわけだが、幸せな結末はほとんどない。

12　聖職者の教義について

円の教義は「汝の形状に注意せよ」という、たった一つの格言につきる。政治的、教会的、道徳的、いずれにせよ、円の教えは個人と全体の形の向上を目的としている。特に、すべての上に立つ円の形状が気にかけられる。

人の行為は、形以外の意志や努力、鍛錬、励まし、称賛などによって決まる——。そんな無駄な信念で、人々のエネルギーや共感を浪費させていた太古の異端信仰を、効果的に抑圧したのは円階級の業績だ。形こそが人を作ることをはじめて人々に確信させたのは、色彩革命を鎮圧したかの著名な円、パントサイクラスだ。たとえば、二等辺三角形として生まれたのに、二つの辺の長さが違う者は、辺を等しくしない限り悪事に走る。だから、辺の長さをそろえるために「二等辺三角形病院」に行かねばならない。同じように、三角形、正方形あるいは多角形であっても、生まれつきどこか不規則だと、「規則性病院」で病気を治してもらわねばならない。そうでなければ、国の刑務所で一生過ごすか、死刑執行人の角で処刑されることになる。

パントサイクラスによれば、ちょっとした非行から凶悪犯罪まで、すべての罪や欠点は、身体が完全な規則性からずれているのが原因だ。このような逸脱の原因は、先天的なものを除いて、人混みでの衝突、運動不足や運動のしすぎ、温度の急激な変化などである。それによって影響を受けやすい部分が伸び縮みしてしまうのだ。ゆえに、この著名な哲学者は、良い行ないも悪い行ないも、褒めたり叱ったりする意味はないと結論した。なのに、どうして、君たちは依頼人の利益を守る正方形の誠実さなんかを褒めたりする？　本当は彼の角度の正確さこそを称賛すべきじゃないのか？　嘘つきで盗癖のある二等辺三角形を責めるより、彼の辺が治療できないほど不揃いなことを嘆くべきじゃないのか？

理論上、この教義に疑問の余地はない。しかし、実際上の欠点がある。二等辺三角形に刑を処する際には、その悪党が自分は辺の長さが不揃いだから盗まずにはいられないのだと訴えても、判事は、まさに同じ理由で彼が近隣の厄介者になることを避けられない以上、破壊を宣告せざるを得ないと答えて話は終わりだ。しかし、死刑など論外の家庭における些事に、こうした理論を当てはめると、ぎくしゃくしてしまう。白状すると、わたしも、孫の六角形が言うことを聞かず、突然の気温の変化が大きすぎて周辺がゆがんでしまったんだ、だから悪いのは僕じゃなくて僕の形なんだ、とびっきりのお菓子がたくさんないと、まっすぐに直らないよ、なんて言い訳したとき、孫の言い分を論理的に否定することも、実際的に受け入れることもできないことがある。

個人的には、根拠はないが、健全な叱責と懲戒は孫の形に目に見えない良い影響を与えると思うようにしている。こうやってジレンマから抜け出しているのは、わたしだけではないらしい。裁判官をつとめる最高位の円たちの多くは、法廷で規則図形や不規則図形に賞罰を与えているが、家庭で子どもを叱るときには、「正しい」とか「間違い」という言葉に実体があり、人間らしい図形なら、その二つを自分で選べるかのように、猛然と情熱的に語っているんだから。

円たちが何よりも形が大切だという方針を貫くことで、フラットランドにおいて親子関係をコントロールしている戒律の意味合いは、スペースランドとは逆になった。君たちの世界では、子どもは親を尊敬するように教えられるだろうが、われわれの世界では、いちばんの普遍的な崇拝の対象である円の次に孫を、孫がいなければ息子を尊敬するよう教えられるんだ。ただし、「尊敬」というのは、決して「甘やかす」ことではなく、彼らが生まれもっている最大の利益に対する敬意を指す。さらに円は、自分よりも子孫の利益を優先させ、そうすることで、直系の子孫だけでなく国全体の繁栄を推進するのが父親のつとめだ、と教えている。

ただ、わたしのような卑しい正方形が、あえて円にもの申させていただくなら、こうした円のシステムの弱点は、女性との関係にあるように思える。

この社会では、不正規な図形が生まれるのを阻止することが何より重要なので、子孫が正多角形として社会階層を高めていくことを願う者にとって、不規則な図形を祖先に持つ女性は結婚相手にふさわしくない。

男性は計測すれば、不規則かどうかわかる。しかし、女性は全員直線だから、見かけ上は規則的だ。そのため、目に見えない不正規性、つまり、そのような子孫が生まれる可能性を確かめるために、他の手段を講じる必要がある。国家が大切に監督保管している家系図によって、それは可能だ。公認された家系図がない女性は結婚が許されないのだ。

それなら、自分の家系に誇りを持ち、ゆくゆくは円の長になる可能性がある子孫を重視している円こそ、誰よりも注意深く、家名に汚れがない妻を選ぶだろうと思うかもしれない。だが、違うんだ。社会階級が高くなるにつれ、規則的な妻を選ぼうという配慮が薄れてゆく。正三角形の息子を持ちたいと望んでいる熱心な二等辺三角形は絶対、家系に一人でも不規則図形がいる図形を妻にしない。これが、家系が順調に上昇していると自負している四角形や五角形になると、五〇〇代以上前のことは気にしない。六角形や一二角形ともなれば、妻の家系図にさらに注意を払わなくなる。そして、ある円にいたっては、わざわざ不規則な曾祖父を持つ女性を妻にしたことが知られている。その理由が、ほんのちょっとだけ輝きが優れていたとか、声が低くて魅力的だったとかなのだ。ちなみに、われわれの世界では、君たちのところ以上に、声が低いのは「女性の美点」とされているんだ。

そんな無分別な結婚は予想どおり、子どもが生まれないか、生まれても、明らかに不規則か、辺が少ない子どもとなってしまう。しかし今のところ、そうした不幸は十分な抑止力となってはいない。高度に進化した多角形は少しくらい辺が減っても簡単にはわからないし、前に言ったような、最新治療施設での手術が成功して補正できる場合もあるからね。それに、円たちは、高度な進化の証として、不妊を受け入れる傾向が強い。でも、こうした悪習は断ち切ってしまわないと、円階級の緩やかな人口減少はすぐに加速し始めて、この階級から円の長を出すことができなくなってしまい、フラットランドの落日も、そう遠くないかもしれない。

わたしには、そう簡単に改善案は思い浮かばないが、もう一つ忠告がある。これも女性との関係についてだ。三〇〇年ほど前に円の長は、女性は理性に欠け、感情的すぎるから、もはや道理をわきまえた存在として扱わず、知的な教育も行なうべきではないと定めた。その結果、読み書きも、夫や子どもの角を数えるのに必要な算数も教えてもらえなかった彼女たちは、世代を追うごとに目に見えて知力を失っていった。女性に対する無教育や静寂主義の仕組みは、いまだに広く行き渡っている。

この政策はよかれと思って実施されてきたのだろうが、男性に有害な影響を及ぼすようになってしまったのではないかと、わたしは恐れている。

何が起きているかというと、今や男性は、バイリンガル、もっと言えばバイメンタル、つまり二つの精神を操る生活を送らねばならなくなっているのだ。女性と一緒のときは「愛」「義務」「正しい」「悪い」「哀れみ」「希望」といった理性的ではない感情的な概念について話すが、これらは、女性を生き生きとさせておくための実体のない作り物でしかない。男同士や本の中では、これらとはまったく違う語彙、というより熟語を使っている。「愛」は「利益への期待」、「義務」は「必然」や「適応」に、他の言葉もそれぞれ言い換えられる。さらに、女性といるときは、彼女たちに最大限の敬意をあらわす言葉を使う。だから女性たちは、円の長よりも自分たちの方がだんぜん崇拝されていると信じこんでいるが、陰では、幼子を除く男性陣から、「愚かな生き物」って言われてるんだ。

女性の神学と、われわれ男性の神学も、まったく別物だ。

わたしがちょっと心配しているのは、こうした二重の言葉や思考の訓練は、若い人にとって負担が重すぎるんじゃないかってことだ。特に三歳になって母親と離され、母親や乳母と話す以外では古い言語を捨て去り、科学的な語彙と熟語を学ばされるのは大変なことだ。前から思っているのだが、三〇〇〇年前の祖先たちの強固な知性と比べて、現代人は数学的な真理を理解する力が弱いようだ。わたしは、女性がこっそり読むことを学んで、人気の一冊を読破し、その内容を他の女性たちに教える危険や、男の子が軽率に、あるいは反抗して、母親に論理的な話し方を明かしてしまう可能性のことを言っているわけではない。男性の知性を弱らせてしまうという単純な理由にもとづいて、女性に対する教育の規制を再考していただくよう、最高権力者の方々にお願いしたいのだ。

第二部　ほかの世界

「ああ、すばらしきかな、新世界。このような人たちがいたとは！」

（シェイクスピア『テンペスト』第五幕）

13　ラインランドの幻想を見たこと

それは、われわれの年代で一九九九年が終わる日の前日、長期休暇の最初の日のこと。お気に入りの気晴らしとして幾何学を遅くまで楽しんでから、解けなかった問題を考えつつ寝ることにした。そして、こんな夢を見た。目の前にはたくさんの短い直線があって、当然、女性だと思ったが、そこに、もっと小さくて輝く点のような存在がちりばめられていた。あらゆる点や線が、一直線上を同じような速度で行ったり来たりしていた。

それらが動いているときは、無数の鳥がさえずっているかのようなわけのわからない音が発せられた。時々その動きがぴたりと止まると、シーンと静かになった。

わたしには女性に思えた線の中で、一番長い線に近づいて話しかけたが、返事はなかった。二度、三度、声をかけても全く反応がない。なんたる無礼。わたしは我慢できず、自分の口を彼女の口の前に持っていき、動きをさえぎりながら大声で質問を繰り返した。「そこの女、この群衆と、奇妙なわけのわからないさえずりや、一直線上の単調な前後運動は何なのだ？」

「余は女ではない」短い線が返事をした。「余はこの世界の王なるぞ。そなたは、どこからわが領土のラインランド（一次元世界）に侵入したのじゃ？」この偉そうな返事に、わたしは、陛下を驚かせたり、困らせたりしたのであれば、許しを請いたいと非礼を詫びた。それから、自分はよそからまいりましたが、領地について教えていただきたいと頼んだ。だが、本当に興味がある情報を得るのは、とても難しかった。国王は、自分が知っていることは当然わたしも知っているはずで、単にふざけて知らないふりをしていると思い込んでいたからだ。忍耐強く質問をして、やっと次のような事実を引き出した。

どうやら、この無知で哀れな絶対君主は、自分が王国と呼び、そこで人生を送っている直線が全世界、全宇宙だと信じ込んでいるようだった。自分がいる直線上を除き、動くことも見ることもできず、外側については何の概念も持ち合わせていない。最初にわたしが声をかけたとき、その声は聞こ

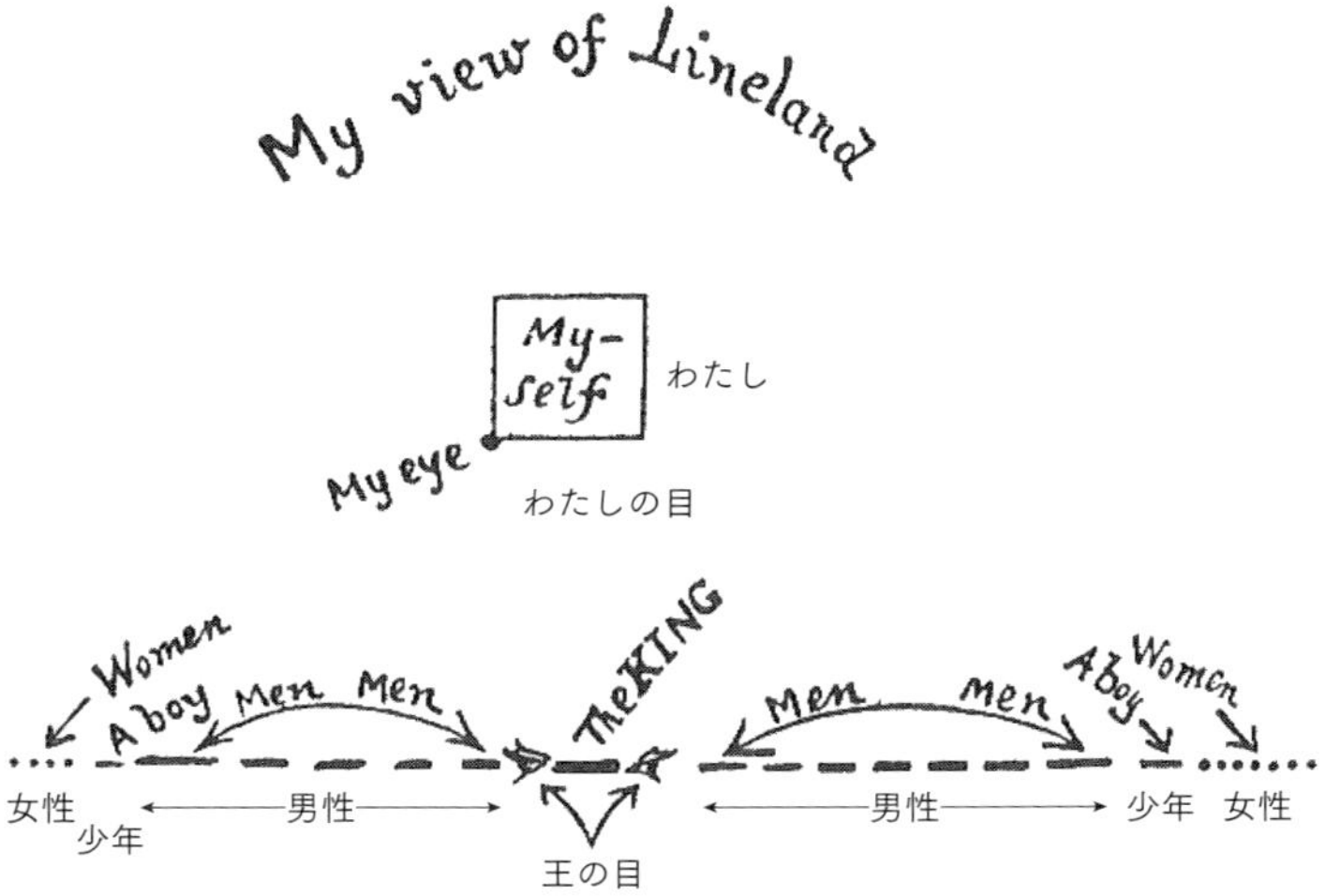

王の目は実際よりも大きく描かれているが、

王には点しか見えていない

わたしが見たラインランドの光景

えていたが、あまりに経験に反した聞こえ方だったので答えなかったという。「誰も見えんのに、余の腸から声が聞こえたようだった」。わたしが自分の口をこの世界に置くまで、わたしの姿は見えず、聞こえるのはお腹（わたしにとっては彼の側面）から響く、わけのわからない音だけだった。わたしがやって来た領域の概念すらない。彼の世界である線の外側は、彼にとっては空白。いや、空白ですらない。空白は、そこに空間があることを意味するからだ。そうだな、むしろ、まったく何も存在していないのだ。

彼の臣下は、短い線が男性で、点が女性なのだが、全員同じように、彼らの世界である一本の直線上に動きと視界が限定されている。言うまでもないが、彼らの地平は点なのであり、点以外のものを認識することはできない。男性も女性も子どもも物質も、すべてがラインランドの住人の目から見ると点なのだ。声だけで性別や年齢を区別する。さらに、個人個人が狭い道、というか、彼らの宇宙を構成しているものを全部ふさいでいるため、道を譲って左右に動くことができない。つまりラインランドでは誰もすれ違うことができない。いったん隣人になると、ずっと隣人であり、彼らにとって隣り合うことは、われわれの世界では結婚のようなもの。死が二人を分かつまで隣人同士なのだ。

すべての視野が点に限定され、動けるのは直線上だけという、こんな生活は、言語に絶するほど退屈に思える。だから、王様が快活で明るいのには驚いた。家族関係にこんなに不都合な環境で、夫婦生活を楽しめるのだろうかと不思議に思ったが、とてもデリケートな問題なので、質問するのがはばかられた。ついに、何気なく家族の健康を尋ねる感じで、思い切って聞いてみた。「妻も子どもたちも、健やかで幸福じゃ」と彼は答えた。

この返事には愕然とした。というのも、わたしはラインランドに入る前に夢の中で気づいていたが、国王のすぐ隣には男しかいないのだから。わたしは意を決して切り返した。「失礼ですが、いつどのようにして、陛下が王妃をご覧になったり、お近づきになったりできるのか、想像できません。お二人の間には、少なくとも六人はいます。彼らの身体を透かして見ることも、脇をすり抜けることもできませんよね？　ラインランドでは、結婚したり子作りのために、近づく必要はないのですか？」

「よくそのような馬鹿げた質問ができるのう？　仮にそなたの言うとおりなら、世界からすぐに人がいなくなってしまう。違う、違う。心が結びつくのに、近くにいる必要はない。子どもの誕生はとても重要なことじゃ。接近というような偶然にまかせられるものか。そなたも知らぬはずはない。だが、知らぬふりをして楽しんでいるようじゃから、この国で生まれたばかりの赤ん坊に教えるように教えてやろう。よいか、結婚とは音と聴覚とによって完成するのだ」

「男は皆、目が二つあるが、同じように口や声も二つあることは知っておろう。声の一方の端はバス（低音）で、もう片方はテノール（高音）だ。このようなことを口にすべきではないかもしれないが、そなたのテノール声は判別できん」

わたしは、自分には声は一つしかないこと、陛下の声が二つあることに気づかなかったことを伝えた。

「なるほど、思ったとおりじゃ。そなたは男ではなく、バスの声を持つ女の怪物で、耳もまったく訓練されておらんのじゃ。まあよい、話を続けよう」

「自然の摂理により、男はみな、二人の妻と結婚する」

「なぜ二人なのですか？」とわたしが尋ねると、「無知なふりもたいがいにせんか！」と王は叫んだ。

「四つの音が一つにならずに、いかに完全な調和がとれた結びつきが生まれるか？　一人の男のバスとテノールの音と、二人の女のソプラノとコントラルトの結びつきが！」

「しかし、仮に、男が妻を一人、あるいは三人望んだら、どうなるのでしょうか？」わたしは質問した。

「それは不可能じゃ。1＋2が5になるくらい、もしくは、人の目で直線が見えるくらいありえん」

わたしは口をはさもうとしたが、彼は話し続ける。

「週の中頃になると、自然法則により、われわれは普段以上の激しいリズムで前後に動くのじゃ。その動きは、一〇一を数えるまで続く。この合唱ダンスのさなかの五一拍目が、宇宙の住人がぴたりと動きを止め、それぞれがもっとも豊かで完全な甘い調べを口にする時じゃ。この決定的な瞬間に、あらゆる結婚が成立する。バスとソプラノ、テノールとコントラルトは絶妙に重なり、愛し合う者たちは、たとえ二万里離れていようとも、運命の恋人の返歌が聞き取れるのじゃ。そして距離という微々たる障害を突破し、愛が三人を結びつける。この瞬間、結婚が成立し、男女の子どもが三人ラインランドに誕生する」

「え、いつも三人なのですか？　どちらかの妻が必ず双子を産むということですね」

「バスの声を持つ怪物よ、その通りじゃ！」王様は答えた。「男一人に対して女二人が生まれねば、男女のバランスが維持できんじゃろう。そなたは自然のいろはも知らぬと言うか！」王様は怒りのあまり声を失ったので、説き伏せて話を再開してもらうのに、しばし時間がかかった。

「もちろん、すべての独身者が、この結婚コーラスでの最初の求婚で結婚相手を見つけられるわけではない。それどころか、ほとんどの者は、このプロセスを何度も繰り返す。一握りの幸運な者のみが、摂理により定められた相手の声を聞き分け、完全な調和のとれた音の抱擁へ飛び込んでゆく。大部分の者たちの求愛行動は長期間に及ぶ。求婚者の声が未来の妻の一人と調和しても、もう片方とは調和しないかもしれないし、最初から両方ダメな場合もあるし、ソプラノとコントラルトが調和しないことだってある。そのような場合、毎週のコーラスが三人の恋人を調和に近づける。それが自然の摂理なのじゃ。声を出すごとに新たな不調和が見つかり、それがわずかなずれだとしても、発声を修正し、完全な調和へと近づくようにしてゆく。これを幾度も繰り返し、ようやく結婚が成立するのだな。ついにその日が来ると、ラインランド全域に結婚コーラスが鳴り響く中、遠く離れし三人の恋人たちは、自分たちの結婚コーラスが完全に調和したことを悟る。そして、結婚した三人は、気づかぬうちに声による抱擁に没入してゆく。自然は、新たなる結婚と三人の子の誕生を祝福するのじゃ！」

14　フラットランドの性質を説明しようとしてダメだったこと

有頂天の極みにある絶対君主を常識レベルまで落ち着かせる頃合いだと考え、わたしは真実の一端、すなわち、フラットランドの物事の性質を打ち明けてみることにした。そこで、こんなふうに話し始めた。「陛下は、臣下の形や位置をどのように区別されているのでしょう？　この王国に入る前に、わたしにはこの国の人たちが線と点に見えていました。線には長いのと……」

するとと王が話をさえぎった。

「そなたは不可能なことを申しておる。幻覚を見たのじゃ。誰でも知っていることだが、線と点を視覚によって区別するのは、物事の性質からして不可能じゃ。だが、聴覚によってなら区別できるし、同じ方法で、形も正確にわかる。余を見てみよ。余は線じゃ。ラインランドでいちばん長く、一六・四〇一センチもの空間を占めておる」

「空間ではなく、長さですよね？」わたしはあえて言ってみた。

「愚か者め！　空間すなわち長さではないか。今度口をはさんだら、話は終わりじゃ」

あわてて王様に謝罪すると、彼は軽蔑するような口調で続けた。

「そなたには話が通じないようじゃから、余が二つの声で妻たちに形を伝えるのを、しかと自分の耳で聞くがよい。今、一人は北へ、もう一人は南へ、九六五六キロ六三メートル八〇センチの距離にいる。彼女たちに声をかけるから、聞いておるのじゃぞ」

彼は鳥のように鳴いてから、満足げに話を続けた。

「妻たちは今、余の声の一つを耳にし、すぐ後にもう一つの声を耳にする。そして、二つの声が聞こえる時間差から、一六・四〇一センチの距離を音が伝わったことがわかり、余の二つの口が一六・四〇一センチ離れていると推測でき、したがって、余の形が一六・四〇一センチだと分かるのじゃ。もちろん、妻たちは余の二つの声を聞くたびに計算をするわけではない。結婚する前に、たった一度計算しただけだ。だが、計算はいつでもできるし、同じ方法で、余は男の臣下たちの形を音で推測することができるのじゃ」

「しかし、男性が片方の声で女性の声のふりをして、北と南の声が同じだと感づかせないように、南の声を偽ったらどうなります？　そうしたごまかしで、すごい不都合が生じやしませんか？　陛下は、隣り合う臣下たちに、お互いに触れ合うように命じて、この種のペテンを抑止するという手立ても講じていないのでしょう？」これはもちろん、とても愚かな問いだ。触ったとしても、形や長さを把握することはできないからだ。だが、絶対君主を挑発するための質問としては、完璧に成功した。

「なんじゃと？　どういうことか説明せよ」。王はゾッとして叫んだ。

「触るのです、触れて、感じるのです」とわたしは答えた。

「そなたの言う、触るということが、二人の間に隙間がなくなるくらい近づくという意味ならば、よそ者よ、わが王国ではそれは死刑に値する犯罪なのだ。理由は明らかである。女性の華奢な形状は、そうした接近によって粉々に砕けがちゆえに、国が保護せねばならん。

だが、女性は視覚によって男性と区別できぬから、男も女も、接近する側とされる側との距離がなくなるほど近づいてはならぬと法で定められておる。

だいたい、そなたが〝触る〟と呼ぶ、違法で不自然な過剰接近が、何の役に立つのか？　そんな野蛮で下品な行為の目的はすべて、聴覚によってすぐに、より簡単かつ正確に達せられるのに？　そなたが言っていた詐欺の恐れも存在しない。声はその者の本質で、意のままに変えたりできないからな。まあ、余に固体を通り抜ける力があって、次から次へと何十億もの臣下を突き抜け、それぞれの大きさと距離を触って確かめられるとしよう。しかし、そのようながさつで不正確な方法は、なんたる時間とエネルギーの無駄か！　今、ほんのちょっと耳で聞けば、国税調査の如く、ラインランドの者たち皆の居場所、肉体、精神、知能、精神がわかるというのに。聞け、ただ聞けばよいのじゃ！」

そう言うと、王は言葉を切って、わたしには無数のちっぽけなバッタの鳴き声にしか聞こえない音に、うっとりと耳を傾けた。

わたし　いや実に、陛下の聴覚はすばらしく、幾多の欠点を補っていらっしゃいます。しかし、指摘させてください。ラインランドの暮らしは嘆かわしいほど退屈に違いありません。点しか見えないなんて！　直線についてじっくり考えたり、直線が何であるかを知ることすらできない！　たとえ見ることができても、直線は、フラットランドでのようには決して見えない。そんな少ししか見えないのならば、いっそのこと視覚がない方がましなのでは？　たしかに、わたくしは陛下のような、特別な聴覚を持ち合わせていません。陛下は、ラインランドの調和した声に、大変な喜びを感じておられるようですが、わたしには無数のさえずりのようにしか聞こえません。しかし、線と点を見分けることくらいはできます。証明してさしあげましょう。わたしが陛下の王国に入る直前、陛下が左から右、右から左へ踊っているのが見えました。すぐ左には七人の男性と一人の女性、右には八人の男性と二人の女性がいました。合っていますよね？

王様　数と性別に関する限り、そのとおりじゃが、そなたの言う「右」や「左」とは何じゃ？　余にはさっぱりわからん。だが、そんなものが見えたなど嘘に決まっておる。どうやって、線、つまり男性の内側を見たというのか？　どこかで耳にして、それを目で見たという夢を見たんじゃろう。ところで、「左」と「右」とは何なのか訊ねてもよいか？　おそらくは北や南のことを指しているのだろうがな。

わたし　そうではありません。南北への動きの他に、右から左へ動くこともできるのです。
王様　ならば、左から右へその動きを見せてみよ。
わたし　いいえ、できません、陛下が線の外へ一緒に踏み出さない限りは。
王様　線の外じゃと？　世界の外、空間の外という意味か？
わたし　いかにも。陛下の世界の外へ、陛下の空間の外へです。陛下のいらっしゃる空間は、真の空間ではありません。本当の空間は平面なのです。陛下の空間は単なる線にすぎません。
王様　そなたが左から右へ動いて見せることができんのなら、言葉で説明せよ。
わたし　陛下が右側と左側の区別ができないなら、いかに言葉をつくしても、その意味をはっきり説明するなどかなわぬことです。こんな簡単な区別がおわかりにならないはずはないのですが。
王様　そなたの言葉はまったく理解できん。
わたし　ああ！　どうすれば、おわかりいただけるのか？　陛下はまっすぐ進んでいるとき、他の向きに動けるかもしれないと思ったことはありませんか？　目をぐるりと回し、今、陛下の側面が向いている方を見るとか？　陛下の両端の方向だけではなく、側面の方向に動いてみたいと感じられたことは、まったくありませんか？
王様　ない。だいたい、そなたは何を言っておる？　男の内側が、いかなる方向に「向く」というのじゃ？　男がいかにして自分の内側へ動けるというのじゃ？

わたし　なるほど。言葉でおわかりいただけないなら、行動で示すしかありませんな。ラインランドから外へと、陛下にお示ししたい方向へ、徐々に動いてみましょう。

そう言い終わるやいなや、わたしは自分の身体をラインランドの外へ動かし始めた。わたしの身体の一部が彼の王国に残り、彼に見えているあいだ、王様は叫び続けた。「見えるぞ、まだ見えるぞ。動いておらぬではないか」。しかし、とうとうわたしが彼の直線王国から出てしまうと、彼は声を震わせながら言った。「女が消えた！　女は死んでしもうた！」「わたしは死んでなどおりません」わたしは応えた。「ラインランドから出ただけなのです。言い換えると、陛下が空間と呼ぶ直線から出ただけなのです。ものありのままの姿が見える真の空間へと出たのです。そして今わたしは陛下の線、つまり側面、あるいは陛下が内側と呼ぶものが見えるのです。そしてわたしには、陛下の北と南に男性や女性がいるのも見える。ちょっくら彼らの数を数えて、彼らの順番や大きさや、彼らの間の距離を教えて差し上げましょう」

長い時間をかけて列挙し終えると、わたしは勝ち誇って叫んだ。「ようやくご納得いただけましたか？」そしてもう一度、ラインランドに入って、同じ位置に戻った。

だが、王様はこう答えた。「そなたが常識のある男なら、とはいえ声が一つしかないから、女なのではないかと余は思っておるが、ともかく、そなたに常識のかけらでもあるなら、理性的に考えられ

ラインランド　　消える直前のわたしの身体　　王様

るだろう。そなたは余に、自分の感覚が示すのとは別の線があり、日々認識しているのと別の動きがあることを信じろと言うた。逆に、余がそなたに問おう。そなたの言うもう一つの線を言葉で説明するか、動きで示すのじゃ。そなたは動くかわりに消えて再び現れるという、魔法を演じただけではないか。そして、そなたの新世界のわかりやすい説明のかわりに、余の四十名ばかりの家来の数と大きさについて語っただけだが、そんなことはわが首都のどんな子どもでも知っておるわ。これ以上の分別を弁えず向こう見ずな行ないがあろうか？　そなたの愚かさを認めるか、わが王国から立ち去るがよい！」

あまりに王様がつむじ曲がりで、しかも、わたしの性別がワカラナイとぬかしたので、わたしは思わずキレてしまった。

「この間抜け！　貴様は自分が完全な存在だと思い込んでいるようだが、実際にはもっとも不完全な阿呆にすぎない！　貴様は見えると言うが、点しか見えていないのだ。直線の存在を推測できると得意になっているが、わたしには、その線が見えるのさ！　それから、角度や三角形、正方形、五角形、六角形、そして円の存在さえ推測できるんだ。これ以上、話しても無駄だ。

不完全な貴様を完全にするとわたしになるのだ。お前は一本の線だが、わたしは線の集まりなんだ。自分の国では、正方形と呼ばれている。フラットランドの偉大な貴族の中では小物だが、お前よりははるかに上さ。わざわざフラットランドからやって来て、無知なお前を啓発してやろうと思ったのに」

　この言葉を聞くや否や王は、威嚇するような雄叫びを上げながら、わたしを対角線から突き刺さんばかりに突進してきた。同時に、彼の無数の臣下から鬨の声があがり、それはどんどん激しさを増していき、ついには、一〇万の二等辺三角形の軍勢と、一〇〇〇人の五角形の砲兵による怒号に匹敵するほどになった。わたしは呪文をかけられたように身動きできなくなり、声も出せず、差し迫った破壊を避けるために逃げることもできなかった。騒音はさらに大きくなってゆき、王が近づいてきた。と、次の瞬間、目が覚めた。朝食を知らせる呼び鈴の音で、フラットランドの現実へと引き戻されたのだった。

15　スペースランドからの来訪者

わたしは夢から現実へ舞い戻った。

われわれの年代で一九九九年、最後の日のことだった。ぱらぱら降る雨音で、ずいぶん前に日が暮れたことがわかる。わたしは妻の横に座りながら、過去の出来事と、来たるべき新しい年、新しい世紀、新しい千年《ミレニアム》の展望について思いを巡らせていた。

四人の息子と、母親を亡くした二人の孫は、それぞれの部屋に引っ込んでいた。古い千年が終わり、新しい千年が始まるのを見届けようと広間に残っていたのは、妻とわたしだけだった。わたしはぼんやりと、一番小さな孫がふと口にした言葉について考えていた。孫は、類いまれな才能と完全な角を持つ、大変有望な若い六角形だ。彼のおじたちとわたしは、いつものように孫に視覚認識の実用訓練をしていた。わたしたちは各々の中心軸で、今度は速く、次は遅くと、速度を変えながら回転し、孫にわれわれがどこにいるのかを質問する。孫の答えがあまりに見事だったので、ご褒美に、数学の幾何学への応用を教えてやる気になった。

まず、一辺が一インチの正方形を九つ並べて、一辺が三インチの大きな正方形を作り、小さな孫に証明をしてみせた。正方形の内部を見ることはできないが、各辺の長さを単純に二乗すれば、面積を求めることができる。「従って、一辺が三インチの正方形の面積は3の二乗、つまり9になるんだ」

小さな六角形は、しばし考え込んだ後、わたしに言った。「おじいちゃんは、数の三乗を教えてくれたよね。3の三乗にも何か幾何学的な意味があるはずだよね。どんな意味があるの？」

「意味なんてないんだ、すくなくとも幾何学的にはね。幾何学には二次元しかないのだから」。わたしはそう答えながら、点を三インチ動かすと、三インチの長さの線になり、3であらわせるし、三インチの線を直角方向に三インチ動かすと、一辺が三インチの正方形になり、3の二乗であらわすことができるのだと説明してやった。

孫はわたしの言葉を唐突にさえぎって、またさっきの質問を始めた。「点を三インチ動かしたら、三インチの線になって、3であらわせて、三インチの線を直角方向に動かせば、一辺が三インチの正方形になって、3の二乗であらわせる。だとしたら、同じように、一辺三インチの正方形を、それと直角方向に動かせば（どうやればいいか、わからないけど）、一辺が三インチの何かになって、それは3の三乗、つまり3×3×3であらわせるんじゃないかな？」

「もう寝なさい」わたしは、話をさえぎられたことにちょっとイライラしていた。「そういうくだらないことを言うのをやめれば、常識がもっと身につくだろう」

孫はとぼとぼと部屋へ戻っていった。わたしは妻の横に座って一九九九年を振り返りつつ、新たな二〇〇〇年に何が起きるか思いをはせたが、小さな賢い六角形の無駄話が頭に引っかかっていた。半時の砂時計はあと数粒の砂を残すのみ。空想を振り払うと、古き千年の最後の時を刻ませるべく、砂時計を北向きにひっくり返しながら、感情的につぶやいた。

「馬鹿な子だ」

そのとき、わたしは部屋に何かがいることに気づいた。冷たい吐息が身体をつらぬいた。「あの子は馬鹿じゃありません、それにあなたは、孫を侮辱することで戒律をやぶっているわ」と妻が叫んだが、わたしは聞いていなかった。あたりを見回したが何も見えない。だが、依然として何かの存在を感じ、冷たいささやきが再びおそってきて身震いした。わたしは立ち上がりかけた。「どうなさったの？　すきま風など入ってきていませんわよ。何かをお探し？　何もありませんわよ」。確かに何もない。わたしは座り直して、再びひとりごちた。「馬鹿な子だ！　3の三乗に幾何学的な意味などないというのに」。するとすぐに、はっきり聞き取れる声がした。「あの子は馬鹿じゃない。3の三乗には明らかに幾何学的意味がある」

わたしだけでなく妻にもその声が聞こえたようだが、彼女は意味を理解できなかった。二人して、声がした方へ身構えた。その図形の姿を見たときの恐怖といったら！　最初、それは横から見た女性のようだったが、一瞬観察しただけで、女性にしては、両端が急激に暗くなりすぎているとわかった。円かもしれないと思ったが、その図形は大きさを変化させているようだった。そんなことは、円だろうと、わたしが知っている他の規則的な図形だろうと、不可能だった。

妻はわたしほど経験がないし、こうした特徴に気づくだけの冷静さも持ち合わせていなかった。いつもどおりの軽率さと、女性特有の理由のない嫉妬心から、誰か女性が、小さなすき間からこの家に入ってきたのだと早とちりして叫んだ。

「なぜこんな人がいるの？　あなた約束なさったでしょ、新しい家に換気口はつけないって」

「換気口なんてないよ。なんだって、この来訪者が女性だと思ったんだい？　視覚による認識によれば……」

「視覚認識の話などたくさんだわ！　〝百見は一触に如《し》かず〟〝線を触るのは円を見るのと同じ〟と申しますわ」と彼女は言った。どちらも、フラットランドの女性がよく使うことわざだ。

「そうか」私は彼女を苛立たせてはまずいと思って、こう言った。「それなら、自己紹介をしてもらおうよ」。妻はつとめて上品なふうを装って、来訪者に近づいていった。

「奥さま、触り、触られることをお許しください……」

突然、妻が後ずさりした。「まあ！　女性ではないのですね。角もまったくありませんし。もしかすると、完全な円様に対して、不作法を働いてしまったのでしょうか？」

「たしかに、私はある意味では円だ」と声が答えた。「フラットランドのどの円よりも完全な円。正確に言えば、たくさんの円が一つになった存在なのだ」。そして彼はおだやかな口調でこう付け加えた。「奥さん、私はご主人にお伝えしたいことがあるのだが、あなたの前ではそれができないのです。よろしければ少しのあいだ席を外していただけるかな？」

妻は威厳ある訪問者の言葉が終わるのを待つことなく、もう休む時間をずいぶん過ぎておりますからと言うと、先ほどは本当に失礼いたしましたと何度も詫びながら、ようやく部屋に引っ込んでいった。

半時の砂時計に目をやると、最後の砂粒が落ちていた。新たな千年の幕開けだ。

16　来訪者がスペースランドの神秘を言葉で説明しようとしてダメだったこと

妻の平和の叫びが遠ざかっていくと、わたしは来訪者に席を勧めたかったし、もっと近くで姿を見たくもあったので、彼に近寄っていった。そして、その容貌に言葉を失って立ち尽くした。角があるようにはまったく見えないのに、形と明るさが段階的に刻々と変化しているのだ。わたしが経験的に知っているどんな図形にも、まったく不可能なことだった。目の前にいるのは実は、押し込み強盗や人殺しの、ゾッとするような不規則な二等辺三角形じゃないのかという思いが、ふと脳裏に浮かんだ。円の声色をまねて、まんまと家に招き入れさせ、今にも、その鋭い角度でわたしを突き刺そうとしているのではないかと。

そこは広間で、霧がなかったし、たまたま特に乾燥した季節でもあったので、視覚による認識はあてにできなかった。なにより、彼との距離が近すぎた。恐怖にかられたわたしは、「どうかお許しを」と不躾に言いながら突進していき、彼に触った。妻は正しかった。角の形跡も、わずかなでこぼこや歪みすらなかった。これ以上完全な円には出会ったことがない。わたしが彼の目から再び目まで、ぐるりと身体の周りを歩いている間、彼はじっとしていた。彼はどこからどこまでも円だった。非の打ち所がない完全な円。疑いようがなかった。それから二人の対話が始まった。思い出せる限り忠実に書くつもりだが、わたしのおびただしい謝罪の言葉は省いてある。なにしろ、正方形であるわたしが円を触るなどといった無礼は厳罰ものだから、恥ずかしさと屈辱で謝り倒すしかなかったのだ。会話の口火を切ったのは、長々としたわたしの前置きにしびれを切らした来訪者だった。

来訪者　もう十分にわたしを触ったかね？　私のことはわかったかね？

わたし　もっとも輝かしい方よ、わたくしの不躾をお許しください。上流社会の作法を知らないのではなく、予期せぬご訪問に驚いて緊張してしまったせいなのです。わたくしの軽率さは、どうぞご内密にお願いいたします。特に妻には。ただ、閣下がお話を続けられる前に、わが訪問者がどこからいらしたのか知りたいという、わたくしの好奇心を満たしていただけますか？

来訪者　空間からですよ、空間から。他にどこからと？

わたし　失礼ですが、今、閣下はすでに空間にいらっしゃいませんか、この卑しい僕《しもべ》とともに？

来訪者　ふふん！　空間について何を知っているのかね？　空間を定義してみたまえ。

わたし　空間は無限に引き延ばされた高さと幅です。

来訪者　やはり空間が何かさえわかっていないのだな。二次元しかないと思っているようだが、私は三つ目の次元があることを教えるためにやってきたのだ。それは高さ、幅、そして長さだ。

わたし　閣下、お喜びください。わたくしたちも長さと高さ、幅と厚みという四つの言葉で二次元を表しています。

来訪者　言葉が三つあるだけでなく、次元が三つあると言っているのだよ。

わたし　わたくしの知らない、その三つ目の次元がどの方向なのか、指し示すか説明するかしていただけますか？

来訪者　私はそこからやって来たのだ。この上と下にある。

わたし　閣下がおっしゃっているのは北と南のことですね。

来訪者　そのようなことは言っておらん。君が見ることができない方向のことだよ、君は側面に目がないからな。

わたし　失礼ですが、閣下、ちょっと見ていただければ、わたくしの二つの側面が接しているところにまんまるく光る目があるのがおわかりになります。

来訪者　うむ、だが空間を見るためには、外周ではなく側面に目がなくちゃいかん。つまりは君が内側と呼ぶところにだな。スペースランドの住人はそれを側面と呼んでいる。

わたし　内側に目ですって！　お腹の中に目！　閣下、お戯れを。

来訪者　ふざけているわけではない。私は空間から来たと言っているのだ。君には空間の意味がわからないのだろうから、三次元の国と言っておこう。私はさきほどそこから、君が空間と呼ぶ、この平面を見下ろしたのだ。君が固体、つまり「四辺に取り囲まれた」と呼ぶものすべてが、はっきりと見えた。家や教会、君の戸棚や金庫、そう、君の内側と腹の中さえも、私の目にはすべてまる見えだったのだよ。

わたし　言うは易しと申します、閣下。

来訪者　証明するのは容易でないと言うのか。では、証明してあげよう。ここへ降りてくるとき、君の四人の息子である五角形たちと、孫である二人の六角形たちが、それぞれの部屋にいるのが見えた。いちばん年下の六角形はしばらく君と一緒にいた後、自分の部屋に引き上げ、君と奥さんだけが残った。二等辺三角形の召使いたちが三人、台所で夕食をとっており、幼い給仕が食器洗い場にいた。そして私はここへやってきた。どうやって来たと思うかね？

わたし　屋根を通り抜けてだと思います。

来訪者　そうではない。ここの屋根は、君も知ってのとおり、最近修繕したばかりで、女性が通り抜けられるほどの穴さえない。私は空間から来たのだ。君の子どもや所帯の様子を語っても、まだ納得いかないのか？

わたし　閣下のような情報通のお立場でしたら、近所の誰かから、この卑しい僕《しもべ》の家庭内の様子を突き止めるのは簡単なことでございましょう。

来訪者　（ひとりごと）ふむ、いったいどうすればいいか？　待てよ、もう一つ手が浮かんだぞ――。

直線、たとえば君の奥さんを見たとき、彼女にはいくつ次元があるかね？

わたし　閣下はわたくしを、女性が本当に直線で、一次元しかないと考えているような、数学を知らぬ粗野な人間のように扱っておいでです。いいえ、違います。わたくしたち正方形はもっと教養があるのです。女性は一般的に直線と呼ばれていますが、実際には科学的に見ても、非常に薄っぺらい平行四辺形で、わたくしたちと同じように二次元、つまり長さと幅（あるいは厚さ）があることくらいわかっております。

来訪者　だが、線が目に見えるということ自体が、線にさらにもう一つの次元があることを示唆しているのだよ。

わたし　わたくしはたった今、女性には長さだけでなく幅があると申しました。わたくしたちは彼女の長さを見て、その幅を推測するのです。微小とはいえ、測定することはできます。

来訪者　わかっていないようだな。私が言いたいのは、女性を見るとき、幅を推測し、長さを見るだけでなく、われわれが「高さ」と呼ぶ物を「見る」必要があるということなのだ。この最後の次元は、君の国では無限小なのだが。もし線が「高さ」のない長さだけなら、空間を占めることができず、目に見えなくなってしまう。それはわかるかね？

わたし　正直ちっともわかりゃしません。フラットランドで線を見ると、見えるのは長さと「明るさ」です。明るさが消えてしまえば、その線は消えてしまいます。あなた様流に言えば、空間を占めなくなるのです。わたくしが思いますに、閣下は明るさに次元という名前を与え、わたくしたちが「明るさ」と呼ぶものを「高さ」と呼んでいらっしゃるのではないですか？

来訪者　それが違うのだ。「高さ」とは君の言う長さのような次元のことだ。ただ君のところでは「高さ」はものすごく小さいから、簡単には知覚できないのだ。

わたし　閣下のお言葉の真価を簡単に問うことができます。閣下は、わたくしには「高さ」と呼ばれる三つ目の次元があるとおっしゃった。次元には方向と測定がつきものです。ですから、わたくしの「高さ」を測るか、わたくしの「高さ」が伸びている方向をお示しください。そうすれば、わたくしはあなたの信者に転向しましょう。それが無理なら、閣下の解釈を受け入れることはできかねます。

来訪者　(ひとりごと) どちらもできないではないか。どうやって説得すればよいのだ？　事実をはっきり説明し、目で見させる実演をしてみせれば十分だろう――。では聞きたまえ。

君は平面の上で生きている。君がフラットランドと呼ぶものは、液体のような広大な水平面なのだ。その上で、上に飛び出たり下に落ちたりせずに、君や君の国の人々が動き回っている。

私は平面図形ではなく立体なのだ。君は私を円と呼ぶが、実際には円ではなく、点から直径三三センチまでの大きさの無数の円が積み重なっているのだ。今しているように、私が君の平面を通過するときに、君の平面に円と呼ぶ部分ができる。私の自分の国での正式な名前は「球」だが、その球でさえ、フラットランドの住民の前に現れるときには、円として現れざるをえないのだ。

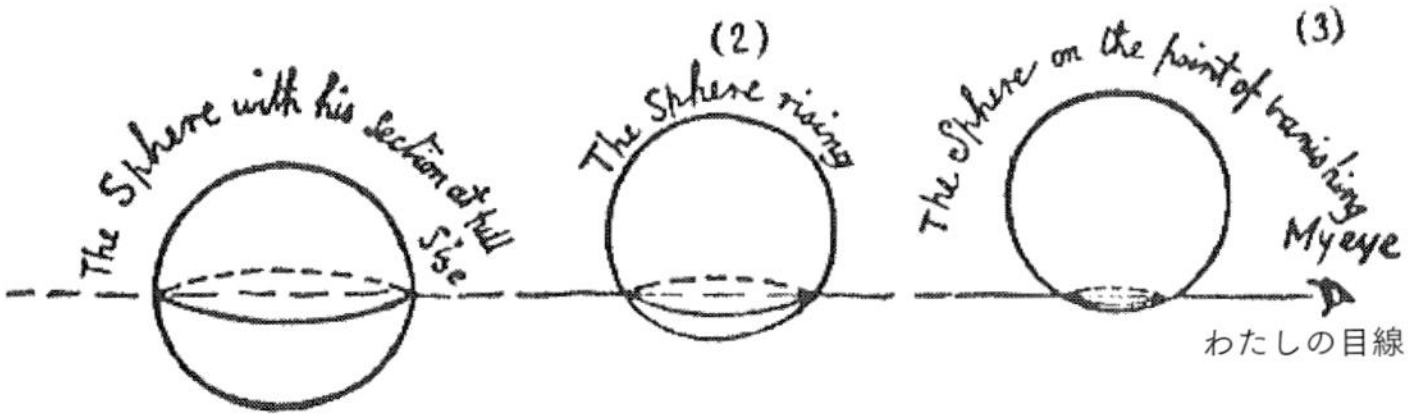

最大の断面を見せる球　(2)上昇する球　(3)消える直前の球

すべてのものが見える私は、昨夜、君の脳に記されていたラインランドの幻のような光景を見通したのだが、ラインランドの領域に入ったとき、王の前に正方形ではなく線として現れざるをえなかったことを覚えているだろうか？　あの線の王国には、君全体を現すのに十分な次元がなくて、君の一部しか現せなかったからだ。それと同じで、君の二次元の国には、三次元である私を現すのに十分な広さがなく、私の一部しか見せることができない。その見えている一部が円なのだよ。

目の輝きが失われたということは、信じていないのだな。では、私の言っていることが正しい証拠を見せてやろう。君は同時に、私の身体のたくさんの部分の一つだけ、つまり円しか見ることができない。フラットランドの平面から目を持ち上げる能力がないからだ。だが、私が空間を昇っていくと、私の身体の部分が小さくなっていくのを見ることはできる。見なさい、私は昇っていくぞ、すると君の目には私の円がどんどん小さくなって点になり、最後には消えてしまう。

わたしには「昇っていく」のを見ることはできなかったが、彼が小さくなって最後に消えるのは見えた。夢でも見ているんじゃないかと一、二回瞬きをしてみたが、夢ではなかった。どこからともなく、うつろな声が響いてきたのだ。わたしの心臓の近くからのようだった。「私はすっかり消えたかね？　納得がいったか？　では、徐々にフラットランドに戻っていくから、私の身体の部分がどんどん大きくなっていくのが見えるはずだ」

スペースランドにいる読者ならすぐに、わたしの謎の客人が真実を平易に語っていることがわかるだろうが、わたしは数学に堪能と言っても所詮フラットランドの数学だ、そう簡単には合点がいかなかった。スペースランドの子どもなら、上昇している球を三つの位置でとらえた、このおおざっぱな図を見ただけで、球がわたしやフラットランドの者の前では、円として現れざるをえないことがわかるだろう。円ははじめは一番大きくて、それから小さくなり、最後にはすごく小さくなって点に近づいてゆく。でも、その理由が、事実を目の当たりにしたにもかかわらず、わたしには相変わらずわからなかった。理解できたのは、円が自分で小さくなって消えて、今また現れて急速に大きくなっているということだけだった。

彼は元の大きさに戻ると深いため息をついた。わたしが黙っているので、何も理解できなかったのだなと気づいたのだ。事実、彼は円なんかではなく、ものすごく賢い詐欺師か何かではないかとわたしは考え始めていた。くだらない迷信だと思っていたが、やはり魔術師はいるのかもしれないと。

長い沈黙の後、彼はつぶやいた。「行動に訴えなくても、まだ一つだけ手が残っている、アナロジーの手法を試してみよう」それからさらに長い沈黙の後、彼は会話を続けた。

球　数学者さん、教えておくれ。点が北へ移動して、光る軌跡を残したら、その軌跡を何と呼ぶ？

わたし　直線です。

球　直線には端っこがいくつあるかね？

わたし　二つです。

球　では北向きの直線が、自分と垂直な東西へ動いてゆき、そのあらゆる点に直線の軌跡を残すとする。こうやって形作られた図形を何と呼ぶ？　ただし、元の直線と同じ長さの距離を動くものとしよう。さて、その名前は？

わたし　正方形です。

球　正方形の辺はいくつある？　角はいくつある？

わたし　辺が四つと角が四つです。

球　では、もう少し想像の翼を広げてみよう。フラットランドにある正方形が、自分に垂直に、上向きに動いていくとする。

わたし　え？　北向きですか？

球　いや、北向きではなく上向きだ。フラットランドから外に出るのだ。

北向きに移動すると、正方形の南側の点たちは、それまで北側の点たちが占めていた位置をかきわけて進むことになるが、私が言いたいのはそういうことではない。
君は正方形で、私の説明にもってこいなので君を例にとろう。君のすべての点、すなわち君が内側と呼んでいる部分が、どの点も前に他の点が占めていた位置をかきわけることなく、上の方へと空間を通過していくのだ。点は、それぞれ直線を描いてゆく。これはすべてアナロジーに従っているのだ。これでよくわかっただろう。

この訪問者に突進していって、空間に突き落としてしまいたい、フラットランドの外へなら、どこでもいいから彼を追っ払ってしまいたいという強い衝動を抑えながら、わたしは答えた。
「それで、あなたが嬉しそうに〝上向き〟という言葉で示していらっしゃる動きによって、わたくしが作り出す図形にはどんな性質があるんです？　フラットランドの言葉で言い表せるものと存じますが」

球　ああ、確かに。単純明快なことだ、アナロジーにきっちり従っているからね。ところで、君はこれを図形と言ったが、立体と言うべきだな。では説明しよう。私がと言うより、アナロジーが説明してくれるのだがね。

たった一つの点から話を始めよう。点はそれ自体が点だから、端の点は一つしかない。一つの点が線を生み出すと、端の点は二つになる。一つの線が正方形を生み出すと、端の点は四つになる。

さてさて、君は自分の質問に自分で答えられるだろう。1、2、4は明らかに等比数列だ。では、次の数は何かな？

わたし 8です。

球 そのとおり。一つの正方形が、八つの端点を持つ何かを生み出すのだ。君はまだその名前を知らないが、われわれはそれを立方体と呼んでいる。納得したかね？

わたし それで、そいつには側面と角、つまりあなたが「端の点」と呼んでいるものがあるのですか？

球 もちろんだ。すべてがアナロジーに従っている。ちなみに、君の言う側面のことを、われわれは辺と呼び、君の言う固体のことを、われわれは面と呼んでいる。

わたし わたくしが内側を「上向き」に移動させることで作り出す、あなたが立方体と呼ぶこの存在には、いくつ側面や固体があるんです？

球 なぜそんなことを聞く？ 君は数学者じゃないか！ 何かの側面は常に、そのものより一つ次元が少ない。〇《ゼロ》次元の点には、それより少ない次元はないから、点の側面は〇個だ。一次元の線は両端の（〇次元の）点を側面と見なすから二つ。二次元の正方形の側面は（一次元の）線が四本。0、2、4だな。この数列を何と呼ぶ？

わたし　等差数列です。

球　次に来る数は？

わたし　6です。

球　その通り。これで自分の質問に自分で答えたことになる。君が生み出す三次元の立方体は六つの二次元平面、つまり君の内側六個に囲まれているのだ。どうだ、よくわかっただろう？

「怪物め！」わたしは金切り声を上げた「詐欺師だか、魔術師だか、夢か悪魔だか知らんが、これ以上馬鹿にされてたまるものか。貴様がわたしのどちらかが死ぬんだ！」そう言いながら、わたしは彼に飛びかかっていった。

17　言葉での説明が無駄に終わり、球が行動で示したこと

無駄だった。来訪者にいちばん硬い右の角を激しくぶつけ、普通の円なら、破壊するに十分な力で

圧迫していったのに、彼はぬるりとすり抜けていった。右や左ではなく、どうやら、この世界の外へじわじわ出て行き、消えていった。まもなく、何もいなくなった。だが、あの侵入者の声だけは、まだ聞こえた。

球　なぜ、理性に耳を傾けないのだ？　君は分別のある優れた数学者だから、三次元の福音を伝道する使徒にぴったりだと期待していたのに。私は千年に一度しか福音を説くことが許されていないのだ。それなのに、君を納得させる術を知らぬとは。待てよ。わかったぞ。言葉ではなく、行動によって真実を明かせばいい。いいかね、わが友よ。

私は言った。私がいる空間からは、君が閉じていると考えている、すべてのものの内側を見ることができると。たとえば、君が立っているそばにある戸棚（これはフラットランドでのほかのすべてと同様に、上も下もないのだが）の中に、君が箱と呼ぶものがいくつかあって、お金が詰まっているのが、私には見える。二枚の会計用の書板も見える。これから戸棚の中に降りて、その書板を持ってこよう。三〇分前に君が戸棚に鍵をかけるのを見ていたし、その鍵を今も持っているのも知っている。しかし、私は扉を動かすことなく、空間から降りてゆく。今、戸棚の中にいて、書板を取ろうとしている。よし、取ったぞ。さて、これを持って上がろう。

わたしはとっさに戸棚に駆け寄って、扉を開けた。書板の一枚が消えていた。あざけるような笑い声とともに、来訪者が部屋の向こうの隅に姿を現し、同時に書板が床に現れた。わたしはそれを拾い上げた。間違いなく消えた書板だった。

わたしは自分の頭が変になってしまったのではないかという恐怖にうめいたが、来訪者は続けた。

「これで間違いなく私の説明がわかったはずだ、他の説明ではこの現象を説明できないからな。君が固体と呼んでいるものは、本当は薄っぺらなのだ。君が空間と呼ぶものは、平面なのだよ。私は空間にいて、君には外側しか見えないものの内部を見下ろしているのだ。君も必要な自由意志を奮い起こせば、この平面から抜け出せる。ほんの少し上か下の方へ動けば、私に見えるものが、君にも見えるだろう」

「高く上るほど、君の平面から離れれば離れるほど、私はもっと多くを見ることができる。もちろん見える大きさは小さくなるがね。たとえば、今、私は上っているところだが、君のご近所の六角形とその家族が、それぞれの部屋にいるのが見える。劇場の中では、一〇のドアが開き、観客たちがまさに出てくるのが見える。一方、書斎にいる円は、座って本を読んでいる。さて、君のところに戻ろう。とびきりの証拠に、君を触ってみようか、腹の中をほんのちょっとだけ？　ひどい怪我はしないだろう。軽く痛むかもしれないが、君が受ける精神的な恩恵に比べればたいしたことはない」

抗議の声をあげる前に、内部に突然痛みを感じ、自分の中から悪魔のような笑い声が聞こえてきた。鋭い痛みはすぐに消えて、鈍痛だけが残った。来訪者は再び姿を現し始め、だんだん大きさを増しながら言った。「ほら、そんなに痛くなかっただろう？　君がこれでも信じないなら、もうお手上げだ。どうだね？」

わたしは決心した。これ以上、他人の腹にいたずらできる魔術師の、気まぐれな訪問にさらされるなんて、我慢できない。助けが来るまで、なんとか彼を壁に押しつけておくんだ！

わたしは再び、いちばん硬い角を向けて彼の方に突進しながら、家中に響き渡る声で助けを求めた。襲撃する瞬間、来訪者は平面に沈み込んでいて、なかなか上がっていかれないようだった。とにかく、彼は動かず、わたしは、助けがやって来る音がした気がして、それを聞きながら、力一杯、彼を押さえ込み、助けを求めて叫び続けた。

球がプルプルと震えた。「なんということだ」、球がそう言ったように思われた。「彼が理性に耳を傾けるか、私が文明的な最後の手段に訴えるかしかない」。それから、わたしに向かって、大きな声でまくし立てた。「聞くんだ、君が目撃したことは、他の誰にも見られてはならないのだ。すぐに奥さんを追い返せ。部屋に入ってくる前にだ。三次元の福音は、こんなふうに挫《くじ》かれてはならぬのだ。千年も待ったのだ、それを無駄にするわけにはいかぬ。奥さんが来るぞ。下がれ！　下がるんだ！私から離れろ、さもないと、私とともに連れて行くことになるぞ、君の知らない、三次元の国へ！」

「馬鹿野郎！　頭のおかしな不規則図形め！」わたしは叫んだ。「離すもんか。貴様は詐欺行為の報いを受けるんだ」

「ほう！　覚悟はいいんだな？」来訪者は声を轟かせた。「ならば、己の運命と向き合うがいい。この平面から出てゆくのだ。一、二、三！　それ！」

18　どうやってスペースランドに行き、そこで何を見たか

わたしは、言葉にできない恐怖に襲われた。真っ暗闇。それから、見るのとは違った、目眩《めまい》がするような視覚への刺激。線ではない線、空間ではない空間が見えた。わたし自身も、わたしではなかった。声が出せるのがわかって、わたしは苦悶の叫びをあげた。「頭が変になったのか、それともここは地獄なのか」。すると球の声が静かに答えた。「どちらでもない。これが知識。これが三次元なのだ。もう一度目をあけて、しっかり見るのだ」

わたしは目を見開き、見た。新しい世界を！　目の前に、わたしが推測し、夢に見てきた、完全なる円の美しさがすべて、視覚的に具現化されていた。来訪者の中心と思われるものがわたしの視界にさらされていたが、見えるのは、心臓でも肺でも動脈でもなく、ただ美しく調和した何かだけだった。わたしは、それを言い表す言葉を持ち合わせていなかったが、君たちスペースランドの読者な

ら、それを球の表面と呼ぶだろう。

心の中でわが指導者にひれ伏しながら、わたしは叫んだ、「ああ、完全なる美と英知という神々しい理想の姿が、あなたの内側に見えます。それなのに、心臓も肺も動脈も肝臓も見えないのは、どうしたことでしょう？」「君は、自分が見ていると思っているものを、実は見ていないのだ」と彼は答えた。「君だけでなく、他のどんな存在にも私の内側は見えない。私はフラットランドの者たちとは、異なる次元の存在なのだ。私が円であったなら、君にも私の内臓が見えるが、私は前にも言ったように、たくさんの円からなる存在、多くが一つになった、この国では球と呼ばれる存在なのだ。そして、立方体の外側が正方形であるように、球の外側も円に見えるのだ」

わが師の謎めいた言葉に当惑しながらも、もはやイライラするどころか、彼に無言の崇拝を向けていた。彼は、さらにおだやかな声で続けた。「スペースランドの奥深い神秘を、最初は理解できなくても、悩まなくていい。徐々に明らかになるだろう。君がいた場所を振り返ってみることから始めよう。私とともに、しばらくフラットランドの平面へ戻るのだ。君が推論したり思いをはせたりしながら、決して見ることができなかった角度を見せてやろう」。「不可能です！」わたしは叫んだが、球に導かれ、夢うつつでついていった。彼の声が再び聞こえ、足を止めた。「向こうを見て、自分の五角形の家や、そこの人々を見てみなさい」

わたしがこの目で見たのは、これまで理性で推測するだけだった家族たちの姿だった。今、見てい

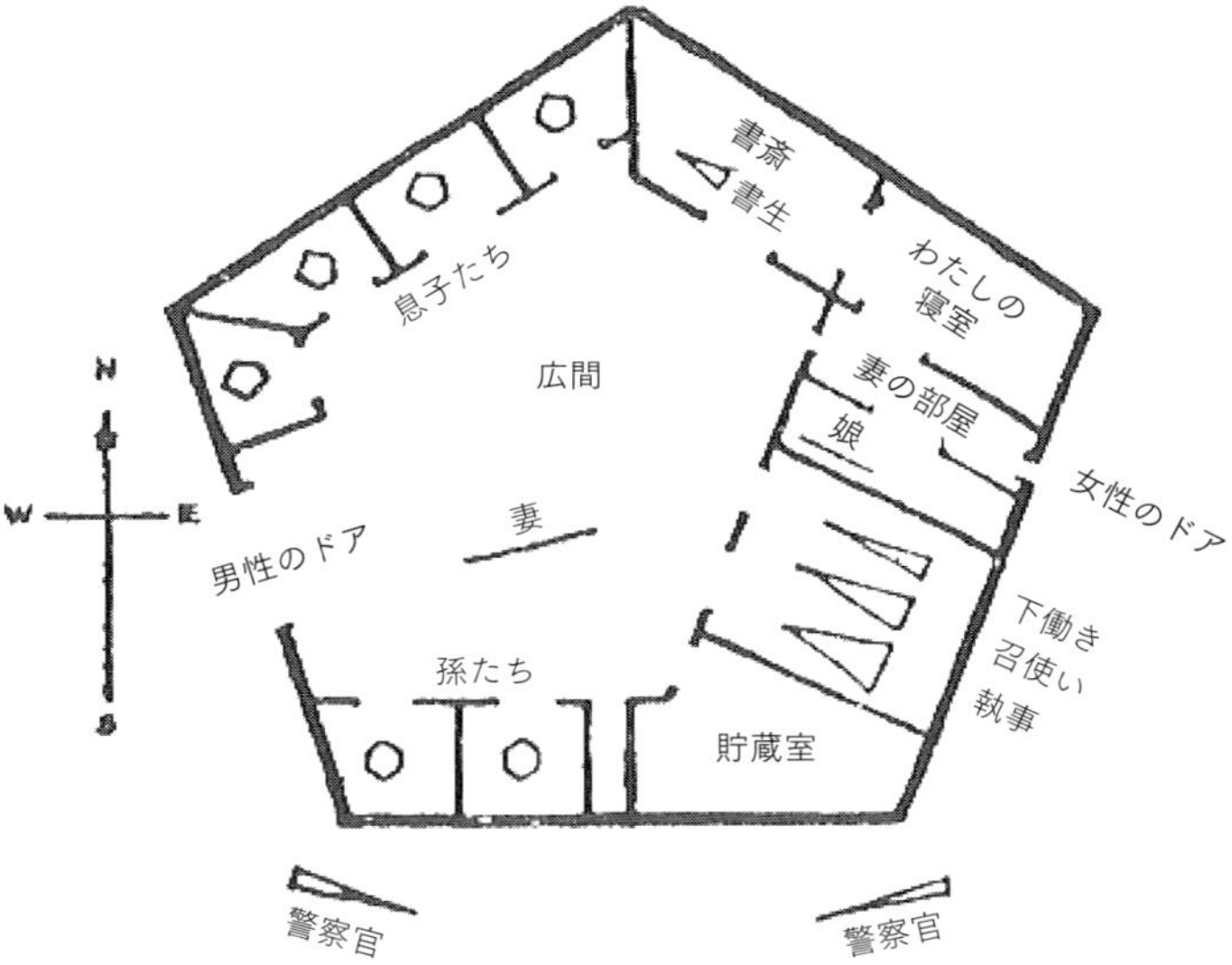
N
W
E
S
書斎
書生
わたしの
寝室
息子たち
広間
妻の部屋
娘
女性のドア
男性のドア
妻
下働き
召使い
執事
孫たち
貯蔵室
警察官
警察官

る現実と比べ、推測で思い描いていた姿は、なんと貧弱であいまいだったことか！　四人の息子は、北西の部屋で静かに寝ていた。母親を亡くした二人の孫は南の部屋。娘も召使いも執事も、それぞれの部屋にいた。わが愛情深い妻だけは、ずっとわたしの姿が見えないので、不安を感じ、自分の部屋を離れ、広間を行ったり来たりしながら、わたしの帰りを心配そうに待っている。わたしの叫び声で目を覚ました書生も自分の部屋を離れて、わたしが気を失って倒れていないか調べるふうを装ってわたしの書斎の戸棚の中を物色していた。わたしは、これらすべてを、単なる推測ではなく、目で見ることができたのだ。さらに近づくにつれ、自分の戸棚の中身や、二つの金の宝箱や、球が言っていた書板まで見分けることができた。

妻の嘆きぶりに心を打たれ、彼女を安心させに下へ飛び降りそうになったが、動けなかった。「奥さんのことは大丈夫だ」とわが指導者が言った。「いつまでも心配させておくつもりはない。その間に、フラットランドを調査しよう」

わたしは再び、空間を上ってゆくのを感じた。球が言ったとおりだった。見ている対象から遠ざかるほど、視野は広くなってゆく。生まれ故郷の街も、あらゆる家とそこにいる生き物たちの内部を、ミニチュアサイズで見渡すことができる。さらに上昇すると、おお、大地の秘密、鉱山や丘の洞窟のいちばん奥まで、目の前にさらされていた。

わたしのような分不相応な者の目前に明かされた、大地の秘密の光景に息をのみながら、わが同行者に言った。「ご覧ください、神にでもなったようです。わが国の賢者たちは言っています。すべてを見ること、すなわち彼らが〝全見〟と呼ぶものは、神だけの御業だと」。わが師は、どこか軽蔑を含んだ声で答えた。「ほお、そうかね？　ならば、我が国のスリや人殺しも、君たちの賢者に神として崇められるというわけだ。彼らにも今、君が見ているものが見えるのだからね。私を信じなさい、君らの賢者は間違っている」

わたし　では、全見は神以外の者の御業なのですか？

球　わからない。だが、我が国のスリや人殺しが、君たちの国のすべてを見ることができるからと言って、君たちが彼らを神として受け入れる理由にはならない。君たちの言う、その全見とやらは、スペースランドでは一般的な単語ではないが、君たちをより公正に、慈悲深くしてくれるか？　自己中心的でなく、愛情深くしてくれるのかね？　そうではないだろう。それなのに、どうして全見によって君は神になれると言うんだね？

わたし　「慈悲深く、愛情深く」ですって！　それは女性の性質じゃないですか！　円は直線よりも地位が高い存在です。その限りにおいて、知識と英知は単なる愛情より高く評価すべきです。

球　人の能力に優劣をつけるのは私の役目ではない。だが、スペースランドの最高の賢者たちの多くは、理性より愛情を重視し、君たちが褒め称える円よりも、軽蔑されている直線を大切にしている。

この件はおしまいだ。向こうを見たまえ。あの建物を知っているかね？

見ると、はるか遠くに巨大な多角形の構造物が見えた。その中に、フラットランドの議事堂があるのがわかった。周りを、互いに直角に向き合って密集した五角形の建物の列に取り巻かれていた。それは通りだとわかった。わたしは、大いなる首都に近づいているのだった。

「ここで降りよう」と、わが指導者が言った。今は朝で、われわれの時代で二〇〇〇年の最初の日の、最初の時間だった。慣例に厳密に従って、王国の最高位の円たちが厳粛な密議を行なっていた。一〇〇〇年の最初の日の最初の時間にも、〇《ゼロ》年の最初の日の最初の時間にも、同じことが行なわれてきた。

すぐに気づいたのは、完全に対称な正方形であり、最高議会の事務長である、わが兄によって前回の議事録が読み上げられているということだった。それは次のように記録されていた。「別の世界から啓示を受けたと称し、その証明をするふりをして、人々を扇動するような悪意に満ちた者どもによって、諸国が困らされてきたことを受け、最高議会は満場一致で次のように決定した。至福千年の最初の日に、フラットランドのいくつかの地域の長官のもとに特別令を送るものとする。そうした見当違いの者たちを徹底的に洗い出し、手続きや数学的調査ぬきで、二等辺三角形なら角度を問わず破壊し、正三角形なら鞭打ち刑の後に投獄し、正方形や五角形なら矯正施設へ送り、高位の一員なら捕らえてまっすぐ首都に送り、議会による尋問と審理に処すべし」

「これが君の運命だ」と球がわたしに言った。その間に、議会は三度目の正式決議を成立させていた。「三次元の福音の使徒を待ち受けているのは、死か投獄なのだ」。「そうはなりませんよ」とわたしは答えた。「今や、わたしにとって物事は明解です。本当の空間の性質がよくわかっているので、子どもにだって理解させることができるはずです。今すぐ降りていって、彼らを啓蒙させてください」。「まだダメだ」とわが指導者は言った。「その時はいずれ来る。まずは、私が自分の使命を果たさねばならない。君はそこにいなさい」。そう言うと、彼は巧みに参事官たちのまっただ中、（こう表現してよければ）フラットランドの海に飛び込んでいった。「我は来たり」と彼は叫んだ。「三次元の国の存在を宣言するために！」

　球の円形の断面が眼前に広がるのを見て、多くの若い参事官たちが恐怖に後ずさりするのが見えた。だが、議長をつとめる円は、まったく動揺を示すことなく、合図を送り、身分の低い六人の二等辺三角形が、六つの異なる方角から球に突進した。「捕まえたぞ」と彼らは叫んだ。「いや、大丈夫、まだ捕まえてるぞ！　逃げられてしまいます！　逃げられた！」

「諸君」と議長が議会の年少の円たちに言った。「驚く必要はまったくない。私だけが読むことを許された機密の公文書によれば、同じような出来事が、前回と前々回の至福千年の始まりでも起きている。君たちは、もちろん、こうした些細なことは閣外で一切口にしないように」

彼は声を張り上げ、衛兵たちを呼び寄せた。「警官たちを捕らえよ。さるぐつわをはめるのだ。自分たちの責務はわかっているな」。運悪く、見てはならない国家機密を図らずも目撃してしまった、哀れな警官たちを運命にゆだねると、議長は再び参事官たちに呼びかけた。「諸君、議会は閉会する。新年が良い年となるよう祈るばかりだ」。立ち去る前に彼は、事務長である、もっとも不運で優秀なるわが兄に、かなり長い時間をかけて、非常に残念だが、慣例に従い、機密保持のため終身刑を言い渡さねばならないと告げた。そして、ただしこの日の事件について、一言たりとも漏らしたら命はないと付け加えた。

19　球がスペースランドのほかの神秘を明かしてくれたが、わたしがそれ以上を望んだこと、その顚末

あわれな兄が監獄へ引っ立てられてゆくのを見て、わたしは、兄に代わって嘆願したい、せめて別れを告げたいと思って、会議場に飛び降りようとした。だが、自分の意思では動けないことに気づいた。完全にわが指導者の意のままだった。彼は愁《うれ》いに沈んだ口調で言った。「お兄さんのことは気にしないことだ。あとで慰める時間はたっぷりとあるから。ついてきなさい」

(1)

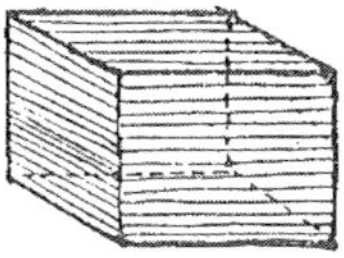

(2)

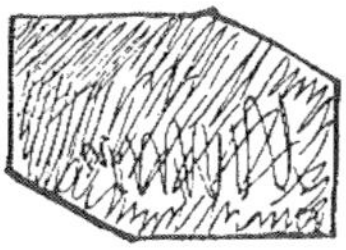

わたしたちは再び空間へと上昇した。球は言った。「これまで、平面図形とその内部の他は何も見せていない。これから、立体を紹介し、それらがどのようにできているか、平面図を明らかにしてみせよう。この何枚もの移動可能な正方形のカードを見てごらん。まず、一枚のカードを別のカードの上に置く、君が思っていたように別のカードの北ではなく、上に置くのだ。それから二枚目、次に三枚目。ほら、直角方向、すなわち上へ並んだ複数の正方形で、立体を作っているんだ。さあ、立体が完成した。長さと幅に加え、高さもある。我々はこれを立方体と呼んでいる」

わたしは答えて言った。「失礼ですが閣下、わたしの目には、内部があらわになった不規則な図形に見えます。つまり、立体ではなく、フラットランドでわれわれが推測するような平面が見えているのです。怪物のような犯罪者を表す、不規則な平面なので、見ているだけで苦痛です」

球は言った。「まさに。君には平面に見えるだろう。光や影や遠近になれていないからね。ちょうど、フラットランドで、視覚による認識の技術を持たない者に、五角形が直線に見えてしまうのと一緒だ。だが、実際には立体だと、君も触ってみればわかるはずだ」

彼はそれから立方体を紹介してくれた。この不思議な存在が、確かに平面ではなく立体で、六つの平らな面と、立体角と呼ばれる八つの頂点に恵まれていることが、わたしにもわかった。こうした生き物は、空間を自身と直角方向、すなわち上に動く正方形によって形作られているのだ、という球の言葉を思い出した。そして、自分のような、こんなとるに足らない生き物が、ある意味で、こんなにも輝かしい子孫の先祖なのだと思うと、嬉しかった。

しかし、わが師が言った「光」や「影」や「遠近」の意味は、まだよくわかっていなかったので、わたしは恥ずかしがらずに彼に質問した。

球の説明は、簡潔明解ではあったが、ここに書いても、すでにそんなことはわかっている空間の住人には退屈だろう。あえて言うなら、彼はわかりやすい言葉や、物体と光の位置を変えることや、いくつかの物体や神聖なる自身の身体を触らせてくれることで、ついにわたしに全てをわからせてくれたのだ。今やわたしは、円と球、平面図形と立体を簡単に区別できるようになった。

これが、わたしの波乱に富んだ奇妙な経験のクライマックス、まさに楽園だった。これ以降は、惨めな転落の話になってしまうのだ。もっとも惨めで、もっとも不当な転落だ！　なぜ、知識への渇望が、失望と処罰につながらねばならないんだ！　自分が受けた屈辱を思い出すだけで気が沈む。だが、わたしは第二のプロメテウスとして、こうした屈辱や、もっと酷い屈辱にも耐え、われわれの次元を2や3や無限より小さな数に制限しようとする、幻想に対する反逆心を、なんとしても、平面や立体の人々の心の中に呼び起こすのだ。そのためなら、どうなってもかまわない！　これ以上、脱線したり先取りしたりせず、最後まで話をしよう。客観的に出来事を平易に述べていきたい。正確な事実と正確な言葉。わたしの脳裏に焼きついているそれらを、寸分も変えることなく書き留めておく。わたしと運命、どちらが正しいか、その審判は読者の手にゆだねたい。

球は、さらに、規則的なすべての立体、円柱、円錐、角錐、五面体、六面体、一二面体、そして球の構造を、わたしにたたき込みたかったのだろうが、わたしは敢えて話の腰を折った。うんざりしたのではなく、その反対で、彼が与えてくれるより、もっと深く完全なことが知りたかったのだ。

「失礼ながら」とわたしは言った。「もはやあなた様を、あらゆる美の完成形、とお呼びすべきではないと思いますが、お願いがございます、この下僕にあなた様の内部を見せていただけないでしょうか？」

球　私の何をだって？

わたし　内部です。あなた様の胃や腸です。

球　なぜ、いきなり、そんなぶしつけな質問をする？　私がもはや、あらゆる美の完成形ではないとは、どういう意味だ？

わたし　閣下、あなたの英知によって、わたくしは、あなたよりもっと偉大で、美しく、もっと完成に近い存在に憧れるようになったのです。あなたが、多くの円が一つになった、フラットランドのすべての図形より優れた存在であるように、多くの球が一つになった、あなたよりもう一つ上の、スペースランドの立体でさえ凌駕する至高の存在があるはずです。今、空間にいるわたしたちですら、フラットランドを見下ろして、すべての物の内部を見ているのですから、わたしたちのさらに上の、もっと純粋な領域があるのは確かです。おお、いつでも、どんな次元にいようと、わが師であり、哲学者であり、友人であるお方よ、もっと広々とした空間の、もっと高次の次元へ、わたしを導いてくださるはずです。そこでは、あらわになった立体の内部を共に見ることができますし、フラットランドから追放されてさまよい歩く哀れなわたくしの目に、すでにたくさんのことを賜っているこのわたくしの目に、あなたや、親族の球の内臓もさらされることでしょう。

球　何を馬鹿な！　戯言を！　つまらんことを言うな！　時間は限られている。お前が、フラットランドの何も知らない未開の同胞たちに、三次元の福音を布教するにふさわしい者になるためには、まだなすべきことが多く残っているのだ。

わたし　いいえ、慈悲深い師よ、あなたにそれをする力があることは、わかっています。一目だけでも、あなたの内側をお見せください。そうすれば、永遠に満足し、あなたの従順な生徒、解放されることなき奴隷は、あなたの教えのすべてを受け入れ、あなたの言葉で生きてまいります。

球　では、君を満足させ黙らせるために、今、はっきり言っておく。もしできるのなら、君の望みどおり見せてやりたい。だができないんだ。自分の願いを叶えるために、私に胃をひっくり返させる気か？

わたし　ですが、閣下は、三次元の国にわたしを連れて来て、二次元の国の同胞たちすべての内臓を見せてくださったじゃありませんか。二度目の旅で、この下僕を神聖な四次元の領域へお連れいただくことなど朝飯前でしょう。そこから一緒に、今いるこの三次元の国を見下ろし、三次元の家の内部や、立体の大地の秘密や、スペースランドの鉱山にある宝物や、立体の生物の内側、高貴で崇拝すべき球の内側をも見ることができるでしょう。

球　しかし、その四次元の国とはどこにあるのだ？

わたし　わかりません。わが師はご存じのはずです。

球　私は知らない。そんな国はない。そんな考え自体、突拍子がなさ過ぎる。

わたし　突拍子がないことではありません。わたしにとってそうならば、わが主にとってはなおさらのはずです。ええ、ここ、この三次元の領域からでさえ、閣下の御業により、四次元を見せていただけるはずです。二次元の国で、わが師の御業が、目に見えない三次元の存在に、未知な下僕の目を開いてくださったように。

思い出してください。わたしが線を見て平面を推測するとき、実際には輝きとは違う「高さ」と呼ばれる、認識できない第三の次元を見ていると教えてくださいましたよね？　それと同じように、この領域でも、平面を見て立体を推測するとき、実際には認識できない第四の次元を、色としてではなく、無限小で計測できない存在を見ているということになりませんか？

それに、図形のアナロジー法というのもありますよね。

球　アナロジーだと！　馬鹿馬鹿しい、どんなアナロジーだね？

わたし　閣下は、お与えになった啓示を下僕が覚えているか試しているのですね。わたしを見くびらないでください、閣下。わたしは、もっと知識をと、心から渇望しているのです。確かに、今はより高次の別のスペースランドを見ることはできないでしょう。わたしたちの胃の中には目がありませんから。しかし、あの哀れでちっぽけなラインランドの絶対君主が、左を向くことも右を向くこともできないために、その存在を認識することができなくても、フラットランドという王国が存在しているし、無知で愚かなわたしには触ることはできず、それを認識するための目が内側にありませんが、三次元の国がすぐ手に届くところに存在し、わたしの身体と隣接しているのです。ですから、四次元もきっと存在し、閣下は思考という内なる目でそれを感知しておられます。四次元が存在するはずだと、閣下ご自身が教えてくださったはずです。それとも、ご自分が下僕に示されたことを、忘れてしまわれたのですか？

一次元では、移動する点が端点を二つ持つ線を生み出しましたよね？

二次元では、移動する線が四つの端点を持つ正方形を生み出しましたよね？

三次元では、移動する正方形が、神聖な存在で八つの端点を持つ立方体を生み出し、わたしの目はそれを見ましたよね？

すると四次元では、移動する立方体が、アナロジーによれば、また、真実に至る道によれば当然そうなるはずですが、神聖なる立方体の動きが、さらに神聖な、一六の端点を持つ生き物になるのではありませんか？

2、4、8、16、この数列に間違いがないのを確認してください。これは等比数列ですね？　閣下の言葉をお借りすれば、「厳密にアナロジーどおり」ではありませんか？

さらに言えば、線には境界の点が二つあり、正方形には境界線が四つあるように、立方体には境界面の正方形が六つあると、教えてくださったのは閣下ではありませんか？　もう一度、2、4、6の数列をご確認ください。これは等差数列ではないのですか？　四次元の国の、さらに神聖なる子孫には、必然的に境界となる八つの立方体があることになりませんか？　これも、閣下がわたしに信じさせてくれたように、「厳密にアナロジーどおり」ではないのですか？

ああ、閣下、閣下。ご覧のとおり、わたしは事実を知らないので、推測を信じるしかありません。わたしの論理的予測を裏付けるか、否定するかしてください。もし間違っているなら、わたしは降伏し、二度と四次元を求めません。でも、もし正しいなら、閣下も理性に耳を傾けてくださるでしょう。

ですから、あなたの国の同胞が、彼らよりも高位の存在が降りてきて閉まっている部屋に入ってきたのを、閣下がドアや窓を開けることなく、わたしたちの部屋に入ってきたように、意のままに現れたり消えたりしたのを目撃した事実は、あったのでしょうか、なかったのでしょうか？　この質問へのお返事次第です。そうした事実がないとおっしゃるなら、わたしは沈黙します。どうぞ、ご回答を。

球　（しばらく間を置いてから）そうした報告はある。しかし、事実かどうか、人々の見解は分かれている。事実だと言う者も、説明の仕方はさまざまで、どれだけたくさんの説明がなされようと、四次元の理論を採用したり示唆している者はいない。つまらない願いに応えたのだ、本題に戻ろう。

わたし　そうだと思いました。わたしの予想が当たっているだろうと確信していました。師の中の師よ、我慢して、もう一つだけ質問にお答えください！　そのようにして、どこからかは誰もわからないけれど、現れ、どこへとも誰もわからないけれど、戻っていった者たちもその断面を縮めて、わたしが連れて行っていただきたいと懇願している、あのより広い空間へ消えたのでしょうか？

球　（むっつりとして）確かに消えた。もし現れていたとすればね。君には理解できないだろうが、ほとんどの人々は、角度がぶれて精神のバランスを崩した予言者の脳や思考から生じた幻覚だと言っている。

わたし　人々はそう言っているのですか？　ああ、お信じにならないでください。実際に、この別の空間は本物のソートランド（思考の国）だとしても、その神聖な場所に連れて行ってください。思考の中で、あらゆる立体物の内側が見えるでしょう。わたしの恍惚とした目の前で、立方体がみんな、どこか新しい方向へ、厳密なアナロジーに従って動いて行き、その内部のあらゆるものが、軌跡を残しながら新しい種類の空間を通過し、一六の超立体角と、外周に八つの立方体を持つ、自身よりさらに完全な究極の存在を作り出すでしょう。そこへたどり着いたら、さらに上昇を続けませんか？　四次元の神聖な領域で、五次元への入り口を前に、そこへ入るのをためらうのですか？　ダメです！　肉体が次元を上昇するにつれ、志も高めましょう。そうすれば、わたしたちの知力による攻撃に屈して六次元の扉が開き、その次は七次元、さらに八次元の扉だって……

　どれだけ話し続けたか、自分でもわからない。球は声を轟かせ、繰り返し黙るように命じ、それでも続けるなら、もっとも恐るべき罰を与えると脅したが無駄だった。あふれ出てくる恍惚とした憧れを止められるものはなかった。わたしが悪かったんだろう。わたしは球に飲まされた真実に、すっかり酔ってしまっていたのだ。だが、終わりはすぐにやって来た。わたしの言葉は、外部と内部で同時に生じた衝撃によってさえぎられ、わたしは口もきけないほどの速さで空間に押しやられていった。下へ！　下へ！　下へ！　急降下していった。フラットランドへ戻ったらおしまいだとわかっていた。一目だけ、最後に一目だけ、忘れることのできない光景を見た。眼前に広がる単調で平坦な荒野。再びわたしの世界となる場所。それから真っ暗闇が来た。最後に、すべてに終わりを告げる雷鳴が轟いた。気づくと、わたしは地を這うただの正方形で、近づいてくる妻の平和の叫びを書斎で聞いていた。

20　球が幻の中でわたしを励ましたこと

考える時間はほんの一分もなかったが、わたしは直観的に、この経験を妻には隠しておくべきだろうと感じた。彼女が秘密を漏らす危険を懸念したわけではない。フラットランドの女性には、わたしの冒険譚《たん》はとうてい理解不能だとわかっていたからだ。わたしは、地下室の落とし戸から誤って落ちて気絶していたと、作り話をして妻を安心させるよう努めた。

この国では南向きの引力がとても小さいから、女性にさえ信じがたい異常な作り話だったが、妻は女性の平均をはるかに超えて気が利くので、いつになく興奮しているわたしを問い詰めることなく、体調がすぐれないならお休みくださいと何度もすすめてくれた。わたしは部屋に引っ込んで、これまでに起きたことを、静かに考えることができる口実ができて喜んだ。一人きりになると、眠気に襲われたが、目を閉じる前に、三次元のことを、特に立方体が正方形の動きによって作られる手順を思い起こそうとした。思ったほど鮮明ではなかったが、動きは「北ではなく、上へ」であることは思い出した。いつでも答えにたどり着くことができる手がかりとして、この言葉をしっかり覚えておこうと肝に銘じた。まるで呪文のように、「北ではなく、上へ」と機械的に繰り返しているうちに、心地よい深い眠りに落ちていった。

まどろみながら、夢を見た。わたしは再び球の傍らにいて、球の光沢の色合いから、わたしへの怒りが完全に収まっているのが見て取れた。わたしたちは、限りなく小さい輝く点の方へ移動しており、注意して見るようにわが師が促した。近づいていくと、その点から、君たちがいるスペースランドの青バエのような、かすかなブンブンという音が聞こえる気がした。その音はハエの音よりも反響が少なく、わたしたちが飛翔している真空の完全な静寂の中でさえ、対角線に二〇人入るか入らないかの距離になるまで、耳に届いてこなかった。

「向こうを見なさい」とわが指導者が言った。「君はフラットランドで暮らし、ラインランドの幻を見て、私とともにスペースランドの高みに上った。今、その経験を完璧にするために、存在のいちばん低いところへ、次元のない奈落の底へと連れて行こう。点の王国、ポイントランドだ」

「向こうの惨めな生き物を見たまえ。あの点は、私たちと同じく生き物だが、次元のない深淵に閉じ込められている。彼自身が彼の世界であり宇宙なのだ。自分以外の概念はまったくない。長さも幅も高さも知らない。経験したことがないからだ。2という数さえ認識できず、複数が何であるかなど考えたこともない。彼にとって、彼自身がすべてであり、かつ真の無だからだ。しかし、彼は自己充足している。そこから教訓を学ぶのだ。自己充足に陥ることは、嫌悪すべき無知であり、何も知らずになすすべなく幸福に甘んじるより、志を抱く方がましだ。さあ、聞いてみたまえ」

球は話をやめた。すると、ジジジと鳴いているちっちゃな生物から、小さくて低くて単調な、それでいてはっきりとしたチリチリという音が聞こえてきた。君たちのスペースランドにある蓄音機から聞こえるような音だ。その音から、こんな言葉が聞き取れた。「そんざいこそが、むじょうのしあわせなり！　それがそんざいし、それいがいはなにもない」

「この小さき生き物の言う、〝それ〟とは何でしょうか？」とわたしは聞いた。

球は答えた。「彼自身のことだ。これまで気づいたことがあるだろう？　赤ん坊や幼稚な人間が、自分と外の世界を区別できず、自分のことを三人称で呼ぶのを。しっ！　静かに！」

「それは、くうかんをみたす」ちっぽけな生き物はひとりごとを続けた。「それがみたすものこそ、そんざいなり。それがかんがえることこそ、ことばなり。そのことばのみがきこえる。それじたいが、しこうし、ことばをはっし、きくのである。しこう、ことば、ちょうかく。それはゆいいつであり、なお、すべてのなかのすべてである。ああ、なんというしあわせ。ああ、そんざいというなのしふくかな！」

「あのちっぽけな者を驚かせて、自己充足から抜け出させてやれないのですか？」とわたしは言った。「わたしにしたように、あれに、自分が本当はどんな〝それ〟か教え、ポイントランドがいかに狭く限られているか明かし、どこか、より高いところへ導いてはやれないのですか？」

「それは簡単にはいかない」とわが師が言った。「君がやってごらん」

　そこで、わたしはあらん限りの声をはりあげて、点に話しかけた。

「静粛に、静粛に、卑しい生き物よ。お前は自分を、全ての中の全てと呼んでいるが、お前は何者でもない。お前が言う宇宙は、線の上のただの点にすぎないし、線は影にすぎない、他の次元と比べ……」

「しっ！　もう十分だ」球が割って入った。「君の熱弁がポイントランドの王様に、どんな影響を与えたか、耳を澄ませてごらん」

　王様は、わたしの言葉を聞いて、今まで以上に輝きを増しており、自己充足を保っているのは明らかだった。わたしが話し終えるやいなや、王様はあの口調を再開した。「ああよろこび、しこうのよろこび！　かんがえることで、たっせいできぬことなどない！　それみずからのしこうがそれにやどり、それをきぼうすることで、しあわせがさらにます！　あまいはんらんにかきまわされるも、さいごはしょうりでおわる！　ああ、ゆいいつのなかのすべてによる、かみのようなそうぞうりょく！

ああよろこび、しこうのかんき！」

「わかっただろう」とわが師が言った。「君の言葉は効果がほとんどなかった。王は、自分が理解できることだけを、自らの考えとして受け入れる。自分以外の他者を想像できないから、自分の創造的な力のおかげで〝それのかんがえ〟は多様性を持っていると虚勢を張っている。このポイントランドの神には、全知全能と思い込ませたままにしておこう。君や私には、彼を自己充足から救い出すことはできないのだ」

その後、ふわりと浮かんでフラットランドに戻りながら、わが同行者は穏やかな声で今見た光景の教訓を与え、志を持ち、他の人にも志を抱かせるように励ましてくれた。はじめは、三次元より上の次元まで上ろうという、わたしの野心に腹が立った、と彼は打ち明けた。だが、そのことで新たに理解を深めることができたと、傲慢にならずに、生徒に自分の間違いを認めたのだ。それから、わたしが目撃したのよりも高度な神秘を教えてくれた。どのように平面図形が動いて立体ができ、立体が動いて超立体ができるか。すべて「厳密にアナロジーどおり」で、女性でも理解できるほど、易しくシンプルに教えてくれたのだった。

21　孫に三次元の理論を教えようとしたこと、その成果

喜びのうちに目覚めると、輝かしい前途に思いをはせた。ただちに行動を起こし、フラットランド

中に福音を説こう。女性や兵士たちにさえ、この三次元の福音はもたらされるべきだ。まずは、妻から始めよう。

ちょうど、この計画を決めたときだった。通りから、沈黙を命じる、たくさんの声が聞こえてきた。続いて、それよりも大きな声が聞こえた。伝令兵の布告だった。耳をそばだてると、別の世界から啓示を受けたと詐称し、人心を堕落させる者は、逮捕し投獄、もしくは処刑するという、議会での決定事項を言い渡すものだった。

わたしは考え込んだ。この危険は軽視できない。自分が受けた啓示は口にせず、証明してみせることで、危険を回避することにしよう。証明する方が単純で確実だし、当初の計画を捨てたところで、失うものはなにもない。「北ではなく、上へ」。この言葉こそ、すべてを証明するための手がかりだ。眠りに落ちる前は、かなりはっきりしていたし、起きた直後、夢の記憶がまだ鮮明なときも、数学の計算のように明らかだった。ところが、どういうわけか、今はそれほどはっきりしていないように思われる。そのとき、都合良く妻が部屋に入ってきたが、いつものように、ちょっと言葉をかわしただけで、彼女に証明を聞かせるのはやめておいた。

五角形の息子たちは、人柄もよく身分も妥当、評判のよい医師だが、数学には長けていないので、わたしの目的に合わない。ふと、若く従順な六角形のことが思い浮かんだ。数学の才能があり、まさにうってつけの生徒だ。まずは、幼いが早熟な、この孫を相手に試してみようか？　あの子の3の三乗についてのなにげない指摘は、球だって認めてくれたじゃないか。あの子は議会の宣言など知るよしもないから、この件を議論してもわたしの身に危険は及ばないはずだ。息子たちは、熱烈な愛国心を持ち、盲目的に円を崇拝しているから、わたしが三次元の扇動的な異端の考えを本気で信じているのが知れたら、長官に引き渡されないとも限らない。

まずは、なんとか妻の好奇心を満たしてやることが先だった。彼女は当然、円が秘密の面会を望んだ理由や、家に入ってきた方法を知りたがっていたからだ。彼女にした、スペースランドの読者が望むような真実とかけ離れた作り話の詳細に立ち入らずに、三次元の話も抜きに、なんとか妻をおとなしく家事に戻らせることに成功した。それが済むと、すぐに孫を呼んだ。白状すると、自分が見聞きしたすべてが、なにか奇妙な調子で、記憶から消えつつある気がしたのだ。ぼんやりとしか覚えていない夢を忘れていくような感じだ。だから早く、腕試しに最初の弟子を作っておきたかったのだ。

孫が部屋に入ってくると、わたしは用心してドアに鍵をかけた。そして、彼の傍らに座り、君たちが線と呼ぶだろう数学用の書板を手にして、昨日の授業を再開しようと告げた。点が一次元の中で動くと線になること。線が二次元の中で動くと正方形になることを、もう一度教えた。その後、作り笑いをしながら言った。「さてと、わんぱく坊主、お前は、同じように正方形が〝北ではなく、上へ〟動けば、別の図形、三次元にある超正方形のようなものができると、わたしに信じさせようとしたね。あれを、もう一度言ってごらん」

そのとき、外の通りから、議会の決議を布告する伝令兵の「よいか！　よいか！」という声が、また聞こえてきた。孫は幼いが、歳のわりには非常に聡明で、円たちの権威を完全に敬うように育てられていたので、想定外に鋭く状況を察した。彼は、布告の言葉が聞こえなくなるまで沈黙を守り、それから急に泣き出した。「おじいちゃん、あれはただの冗談だったんだ。もちろん、何の意味もないんだ。あのときは、新しい法律のことを知らなかったし、三次元について何か言ったつもりはないよ。〝北ではなく、上へ〟なんて一言も言ってない。そんな馬鹿げたこと。そうでしょ？　ものが北じゃなく、上に動くなんて。北ではなくて上なんて！　僕が赤ん坊だったとしても、そんな馬鹿なこと言いやしないよ！　ほんと馬鹿げてるよ！　アハハ！」

「馬鹿げてなんかいやしない！」わたしはカッとして言った。「たとえば、この正方形を手にとって」と言いながら、手元にあった、動かせる正方形をつかんだ。「動かすぞ、ほら、北へではなく、そう、上へだ。つまり、北へではなく、どこか別の方向にだよ、正確にはこんなふうじゃなくて、どうにかして、ほら……」わたしはここで言葉を失い、正方形のカードをむやみに振りまわした。孫は面白がって、いつもより大声でげらげら笑い出すと、勉強を教えてくれるどころか、冗談ばかり言って、とドアの鍵をあけて、部屋から走り出ていってしまった。こうして、三次元の福音で弟子を宗旨替えさせようという試みは失敗に終わった。

22　ほかの方法で三次元の理論を広めようとしたこと、その結末

孫で失敗したので、他の家族に自分の秘密を伝える自信がわいてこなかった。だが、絶望したわけではない。「北ではなく、上へ」というキャッチフレーズだけに頼らず、人々に全体像をはっきりと明らかにできる方法を模索するべきだとわかった。それには、書くことがいちばんだ。

そこでわたしは、密かに数ヵ月かけて、三次元の神秘についての論文を書き上げた。法律に触れるのを回避するために、物理的な次元には触れず、あくまで思考世界であるソートランドを取り扱った。その世界では、理論上、図形がフラットランドを見下ろし、あらゆるものの内部を同時に見渡すことができる。そして、そこには、六つの正方形で囲まれ八つの頂点を持った図形も存在しうる。だが、本を書き進めていくうちに、悲しいことに、目的を果たすための図を描くことが不可能なことに気づいた。フラットランドには線以外には記録用の板がなく、線以外の図もなく、すべてが一本の線で、長さと輝きの区別しかないからだ。だから、論文（『フラットランドからソートランドへ』という題名をつけた）を書き終えたときも、どれだけの人々が内容を理解できるか、自信がなかった。

その間にも、わたしの生活には暗雲がたれこめていた。あらゆる楽しみに興味がなくなり、見るもののすべてが、わたしを焦らし、謀反をそそのかす。二次元で見ている物と、三次元で実際に見える物

とを比べずにいられず、それを口に出してしまいそうだった。依頼人や仕事をおろそかにし、かつて目にした神秘に思いを巡らすが、その神秘を誰とも分かち合えず、自分の脳裏に再現することすら、日々難しくなっていた。

スペースランドから帰って約一一ヵ月経ったある日のこと、目を閉じて立方体を思い浮かべようとしたが、できなかった。その後うまくいったのだが、正確に元の形を再現できたか確信が持てなくなった。わたしは、それまで以上に落ち込み、どうすればいいかわからないが何かしなくてはいけないと決めた。そうだ。みんなを納得させることができるなら、その大義のために喜んで自分の命を差し出そう。しかし、自分の孫ですら納得させられなかったのに、わが国でもっとも高位で、もっとも発達した円たちを、どうやって納得させるというのか?

時には、思いが高まりすぎて、危険な言葉を口にしてしまうことがあった。すでにわたしは、反逆とまではいかずとも、異端だと思われており、自らの立場の危険を敏感に察知していた。それにもかかわらず、最高位の多角形や円の集まりにおいてさえ、疑われるような、少し扇動的な発言を止められなかった。たとえば、ものの内側を見る力をもらったという心神喪失者の処置についての問題が持ち上がったとき、わたしは「予言者や霊感を得た人々は、常に大多数から狂人とみなされるものだ」という、古代の円の言葉を引用した。他にも、「ものの内側を見分ける目」とか「すべてが見える国」という表現も思わず使ってしまう。「三次元と四次元」という、禁じられた言葉を漏らしてしまったのも一度や二度ではない。ついに一連の軽挙のすえ、長官の官邸で開催された地方思索学会の会合で、やらかしてしまった。どこかの大馬鹿者が、神が数を2に限定した理由や、全知が神だけに与えられている理由とやらを、詳細に述べた論文を読み上げていた。わたしは我を忘れ、球とともに空間へ旅をして、首都の議事堂に行き、再び空間に戻って、家に帰った旅のすべてと、現実や幻想の中で目にして耳にしたことを全部、細大漏らさず話してしまった。最初は、架空の人物の、想像上の体験を話すふりをしていたが、熱中するあまり、取り繕うことなく、聞いている全員に先入観を捨てて三次元の信者となるよう、熱弁を振るっていた。

その場で逮捕され議会送りになったことは言うまでもない。

翌朝、ほんの何ヵ月か前に球が立っていたその場所に、わたしは立っていた。質問も中断もなく、自由に話すことを許可された。だが、最初から自分の運命は見えていた。五五度にわずかに足りない角を持つ、できのいい警察官たちがその場におり、それに気づいた議長が、私が抗弁を始める前に、二度か三度の角度しかない身分の低い警官と交代するよう命じたからだ。それがどんな意味か、よくわかっていた。わたしは処刑されるか、投獄されるかなのだ。同時に、わたしの話を聞いてしまった役人を破壊して、すべてを隠蔽する。議長は身分の高い者の代わりに、低い者を犠牲にするつもりなのだ。

わたしが抗弁を終えると、議長は二つの質問をした。わたしのまじめな様子に、若い円の何人かが心を動かされ、議長がそれに気づいたらしい。

1．「北ではなく、上へ」という言葉で、わたしが意図した方向を示すことができるか？
2．わたしが喜々として立方体と呼ぶ図形を、図や言葉で（想像上の辺や角を除く）示せるか？

これ以上は何も言うことはない、とわたしは宣言した。わたしは真実に殉じ、その理念は最後に勝利をおさめるだろう、と。

議長は、わたしの心情は大いに理解できるし、これ以上の弁論は望むべくもないと答えた。お前を終身刑に処すが、もし真実が、お前を監獄から抜け出させて、世界に福音を説かせるつもりなら、そのように取りはからってくれるだろう。その間、脱獄を防ぐために必要なことを除き、不快な目にあわせないようにしよう。また、模範囚でいられれば、先に監獄に入った兄に、時々面会する特権も与えてやろう。

七年の時が過ぎ去った。わたしはいまだ囚人のままだ。たまに兄が訪れるのを除けば、看守以外との交流は一切禁止されている。兄は、もっともすぐれた正方形の一人で、公正、賢明、快活で、兄弟の情も篤い。それでもわたしにとって、週に一度の面談は、少なくとも一つの点において、苦痛なのだ。球が議会に闖入したとき、兄もその場にいて、球体の断面が変化していくのを目にしたし、球がその現象を説明するのを聞いていたのだ。あれから七年、彼は一週間とおかず、わたしの話を聞いている。彼には、球が現れたときにわたしが果たしていた役割、スペースランドでのすべての現象についての詳細、アナロジーから推論される立体の存在に関する議論を、繰り返し話してきた。だが（こんなことを打ち明けるのは恥ずかしいが）、兄は三次元の性質を、いまだに理解していないし、球の存在も信じないと公言している。

こうして、わたしに帰依する改宗者が一人もおらず、至福千年の啓示は無駄にされている。スペースランドでは、プロメテウスが人間に火をもたらしたが、哀れなフラットランドのプロメテウスであるわたしは監獄につながれ、同胞たちに何ももたらしていない。それでも、わたしは希望をもって生きている。わたしの記憶が、何らかの方法で、どこかの次元にいる人たちの心に届き、限られた次元に閉じ込められていることを拒否する反逆者たちを、奮い立たせるかもしれないから。

気分が明るいときは、こんな希望を描いたりする。でも、いつもそうではない。かつて目にし、時々、懐かしんで振り返る立方体が正確な形かどうか自信がなくなっているし、毎晩、夢の中で、「北ではなく、上へ」という神秘的な格言が魂をむさぼり食うスフィンクスのようにわたしに取り憑き、その重い負担で押しつぶされそうになることがあるのだ。これは、真実のために耐えねばならない苦難の一部だろうが、精神的に参ってしまうこともある。すると、立方体や球の存在が可能性の彼方へと消え去ってしまう。三次元の世界が、一次元や無次元の世界のごとく、幻のように思えてくる。わたしを自由から隔てているこの堅い壁も。わたしが使っているこの書板も。そして、フラットランドのあらゆる現実さえもが、病的な想像の産物にすぎず、根拠のない夢が織りなすもののようにも思われるのだ――。

完

FLATLAND by Büyüktaş

シリーズ

フラットランド

アイドゥン・ブユクタシ

Series *Flatland* (2015〜)
by Aydın Büyüktaş

ニューモスク　New Mosque (Yeni Cami)

イスタンブル　Istanbul 2015

グランバザール　　Grand Bazaar（Kapalı Çarşı）

イスタンブル　　Istanbul 2015

KAPALICARSI
GRAND BAZAAR

ガラタ橋　Galata Bridge（Galata Köprüsü）

イスタンブル　Istanbul 2015

青空中古車市　Open Secondhand Car Bazaar（İkinci El Araba Pazarı）

アンカラ　Ankara 2016

34 DE 3339

赤い道　Red Road（Yol Kırmızı）

カリフォルニア　California 2017

赤い丘の道　Red Hills and Road（Yol Kenarı Tepe）

アリゾナ　Arizona 2017

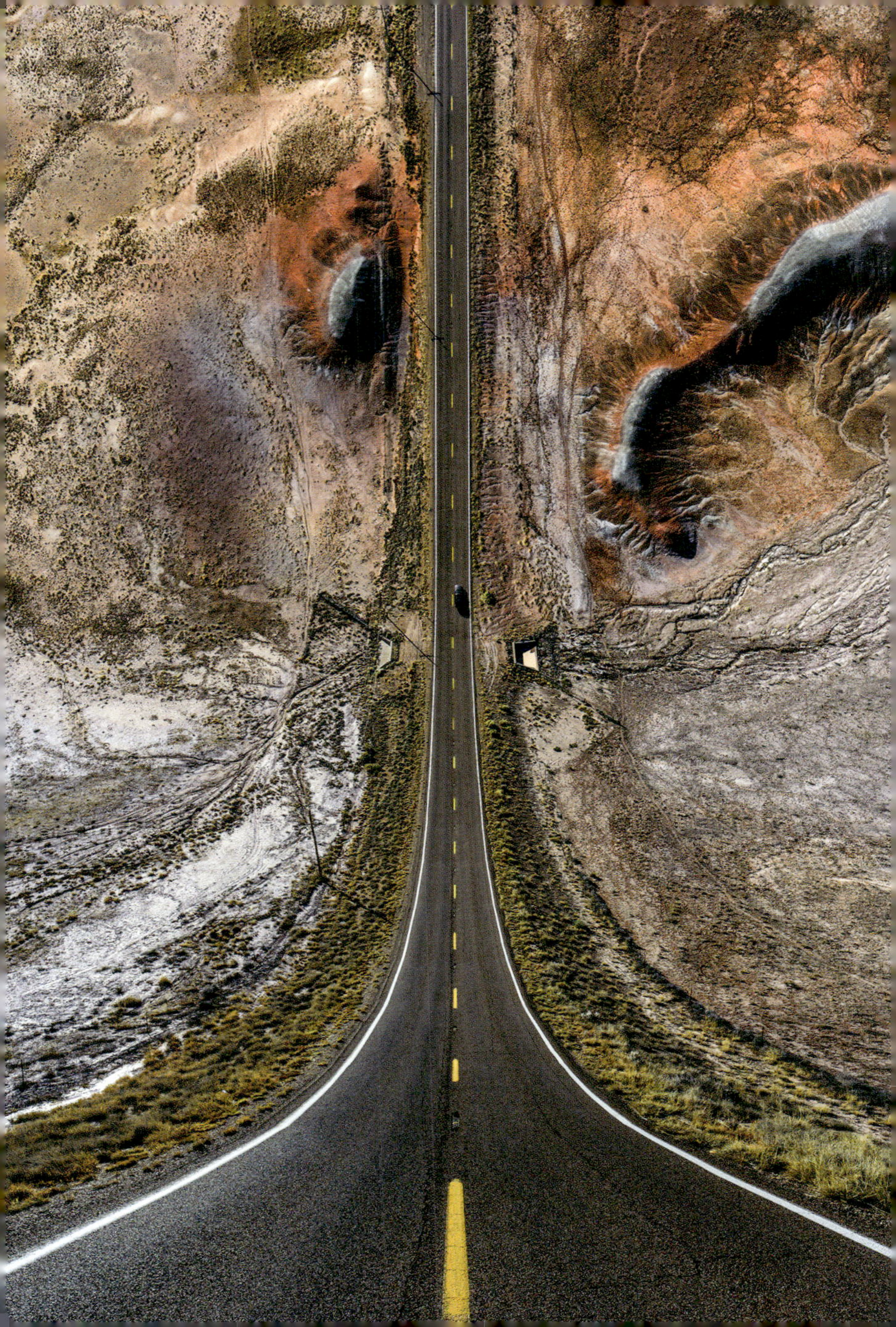

スケートボード　Skateboard（Kaykay Pisti）

イスタンブル　Istanbul 2015

鍛冶屋街　　Blacksmiths' Bazaar（Demirciler Sitesi）

イスタンブル　　Istanbul 2015

KERIM METAL
PASLANMAZ ÇELIK
SAC / LEVHA
DEMİRİ ve

『フラットランド』と《フラットランド》

アイドゥン・ブユクタシ

本書でご覧いただいた僕の《フラットランド》というフォトシリーズは、エドウィン・A・アボットの『フラットランド』に刺激を受けて創られた。

アボットは神秘主義や難解な抽象論によらずに、読む者の想像力をかきたてる。非常にシンプルな喩えで、僕らが「下の次元」を探究しながら「上の次元」を理解できるようにしてくれる。

二〇世紀にアインシュタインが相対性理論を打ち立て、四次元を科学的に解明したことを考えると、アボットの『フラットランド』(この本が書かれたのは一八八四年である)はある意味、未来へ向けた手紙みたいなものだ。実際、アボットはこの本をとおして、次元とは監獄みたいなものだと教えてくれる。僕らに、頭の中の監獄から出て来いと呼びかける。

僕は小さな頃からずっと、ワームホール、ブラックホール、並行宇宙、重力、時空の歪み……といったテーマに強く惹かれていて、アイザック・アシモフやH・G・ウェルズのSFやら科学雑誌やらを読みふけっていた。理論物理学者のミチオ・カクが書いた『ハイパースペース』（邦題『超空間――平行宇宙、タイムワープ、10次元の探究』）という本にも僕はずいぶん影響を受けたが、そこで四次元を説明するときに引用されていたのが『フラットランド』だった。『フラットランド』は、次元を相互に結びつけ、異次元間の移動を理解する難しさを簡単な例で示し、また二次元において三次元を説明しようとする。こういうやり方が、僕が四次元というものを考えることと重なり合った。もしブラックホールが、僕らが生きているこの場所にできたら、どんなふうに空間や時間や場所を歪ませるのだろう？　そこにある人生や街は、どうなるのだろう？

こうした疑問を念頭に、子どものときからずっと夢見て考えてきた超現実の世界を具現化できるのではないかと思い、僕は《フラットランド》のプロジェクトを創り出した。これは、次元の認識を写真に美しく落とし込むということをテーマとしており、僕たちがその中で生き、多くの場合、気にも留めない記憶の中の普遍的な場所の認識を一度すべて捨て去り、新たに定義するものだ。写真の中で空間をゆがませるというアイディアと、そうしたコンテクストで新しくイスタンブルを見てみようという考えが一つになったのだ。

アボットは『フラットランド』において、二次元世界のカースト制度を使って、平等と人権を目指した社会的闘争がもっとも盛んだったヴィクトリア朝期のイギリスをも、巧みに皮肉っている。こうした社会政治的な風刺は、皮肉にも、現代の世界、特に僕の国の政治構造にもぴったり当てはまる。

数学的サイエンス・フィクションとしてもっとも重要な作品の一つであり、終わりなきユークリッド平面の——二次元の世界にフィクション化された『フラットランド』の表紙を開くやいなや、僕たちは、社会的諸階級が幾何学的な形で代表される二次元の広い国に、自分たち自身を見出すのである。

最後に、この素晴らしい機会を与えられたことに感謝したい。アボットとコラボレートするというアイディアを聞いたときにはすごく嬉しかったし、とても名誉に思う。翻訳者の竹内薫さん、編集者の今岡雅依子さん、どうもありがとう。この本が日本の多くの読者に届くことを願っている。

エドウィン・アボット・アボット (Edwin Abott Abott)

一八三八〜一九二六。英国、ロンドンのメリルボーンに生まれる。ケンブリッジ大学のセント・ジョンズ・カレッジで古典、数学、神学などについて学んだのち、教員として働きはじめる。シティ・オブ・ロンドン・スクールの校長を二四年つとめ、科学や社会などについて先進的な教育を行なっていたと言われる。

竹内薫 (たけうち　かおる)

一九六〇年、東京に生まれる。東京大学教養学部・理学部物理学科卒業。マギル大学大学院博士課程修了。理学博士。専攻は高エネルギー物理学。猫好きサイエンス作家として、科学書の執筆、講演、テレビ出演などを精力的にこなす。

アイドゥン・ブユクタシ (Aydın Büyüktaş)

一九七二年、トルコのアンカラに生まれる。大学中退後、イスタンブルで映画や広告などの映像作品に携わりつつ、視覚効果のさまざまな技術を学ぶ。本作《フラットランド》でその独自の空間表現が世界的に評判となる。現在、最も注目される写真家のひとり。

翻訳協力　竹内さなみ

フラットランド

たくさんの次《じ》元《げん》のものがたり

二〇一七年　五月一一日　第一刷発行
二〇二五年　七月　九日　第九刷発行

著者　エドウィン・アボット・アボット

訳者　竹《たけ》内《うち》薫《かおる》

写真　アイドゥン・ブユクタシ

発行者　篠木和久
発行所　株式会社講談社
東京都文京区音羽二丁目一二―二一　〒一一二―八〇〇一
電話（編集）〇三―五三九五―三五一二
（販売）〇三―五三九五―五八一七
（業務）〇三―五三九五―三六一五

装幀者　奥定泰之
本文データ制作　講談社デジタル製作
本文印刷　株式会社新藤慶昌堂
カバー・表紙印刷　半七写真印刷工業株式会社
製本所　大口製本印刷株式会社

KODANSHA

ISBN978-4-06-258653-5　Printed in Japan　N.D.C.410　164p　19cm

講談社選書メチエ　刊行の辞

書物からまったく離れて生きるのはむずかしいことです。百年ばかり昔、アンドレ・ジッドは自分にむかって「すべての書物を捨てるべし」と命じながら、パリからアフリカへ旅立ちました。旅の荷は軽くなかったようです。ひそかに書物をたずさえていたからでした。ジッドのように意地を張らず、書物とともに世界を旅して、いらなくなったら捨てていけばいいのではないでしょうか。

現代は、星の数ほどにも本の書き手が見あたります。読み手と書き手がこれほど近づきあっている時代はありません。きのうの読者が、一夜あければ著者となって、あらたな読者にめぐりあう。その読者のなかから、またあらたな著者が生まれるのです。この循環の過程で読書の質も変わっていきます。人は書き手になることで熟練の読み手になるものです。

選書メチエはこのような時代にふさわしい書物の刊行をめざしています。

フランス語でメチエは、経験によって身につく技術のことをいいます。道具を駆使しておこなう仕事のことでもあります。また、生活と直接に結びついた専門的な技能を指すこともあります。

いま地球の環境はますます複雑な変化を見せ、予測困難な状況が刻々あらわれています。

そのなかで、読者それぞれの「メチエ」を活かす一助として、本選書が役立つことを願っています。

一九九四年二月　　野間佐和子

ヘーゲル『精神現象学』入門　長谷川　宏
カント『純粋理性批判』入門　黒崎政男
知の教科書　ウォーラーステイン　川北　稔編
カイエ・ソバージュ〔完全版〕　中沢新一
人類最古の哲学　カイエ・ソバージュⅠ〔新装版〕　中沢新一
知の教科書　スピノザ　C・ジャレット　石垣憲一訳
知の教科書　ライプニッツ　F・パーキンズ　梅原宏司・川口典成訳
知の教科書　プラトン　M・エルラー　三嶋輝夫ほか訳
フッサール　起源への哲学　斎藤慶典
完全解読　ヘーゲル『精神現象学』　竹田青嗣　西　研
完全解読　カント『純粋理性批判』　竹田青嗣
分析哲学入門　八木沢　敬
ドイツ観念論　村岡晋一
ベルクソン＝時間と空間の哲学　中村　昇
精読　アレント『全体主義の起源』　牧野雅彦
九鬼周造　藤田正勝
夢の現象学・入門　渡辺恒夫

ヨハネス・コメニウス　相馬伸一
アダム・スミス　高　哲男
ラカンの哲学　荒谷大輔
解読　ウェーバー『プロテスタンティズムの倫理と資本主義の精神』　橋本　努
新しい哲学の教科書　岩内章太郎
アガンベン《ホモ・サケル》の思想　上村忠男
使える哲学　荒谷大輔
極限の思想　バタイユ　佐々木雄大
極限の思想　ニーチェ　城戸　淳
極限の思想　ドゥルーズ　山内志朗
極限の思想　ハイデガー　高井ゆと里
極限の思想　サルトル　熊野純彦
極限の思想　ラカン　立木康介
〈実存哲学〉の系譜　鈴木祐丞
今日のミトロジー　中沢新一
パルメニデス　山川偉也
精読　アレント『人間の条件』　牧野雅彦